岩波講座
物理の世界

数学から見た古典力学

物の理 数の理 2

数学から見た古典力学

砂田利一

岩波書店

編集委員

佐藤文隆

甘利俊一

小林俊一

砂田利一

福山秀敏

本文図版

飯箸　薫

まえがき

本書は「物の理・数の理」の2巻目,「数学から見た古典力学」である.その内容は,第1巻で解説したニュートン力学の延長線上にある.

ニュートン,ライプニッツにより創始された無限小解析(微分積分)の発展とともに,ニュートンの力学理論はその適用範囲を次第に拡大し,さらに数学的に精緻な理論として揺ぎない位置を確立した.「物の理・数の理4」で述べるように,ニュートン力学は,さらにその形式においても数学的豊饒性においても優れた内容を有するハミルトンの力学理論に昇華することになる.

本巻で解説することを一言で表現すれば,拘束された「有限自由度」をもつ力学系の理論である.たとえ連続体のような無限個の質点からなる系でも,外部あるいは内部からの強い作用により拘束を受けて,系の状態を特徴付ける変数の個数が有限になることがある.このような場合に,質点系の運動の「大域的」な性質を研究するには,拘束状態を「多様体」上の点と同一視する必要が生じる.

多様体の概念は,ガウスの曲面論をモデルとし,その高次元化を目論んだリーマンにより初めて導入された.ガウス,リーマンともに,われわれの空間の構造に思いを馳せ,平坦ではない宇宙の可能性を考慮に入れて,曲がった空間の数学的定式化を試みたのである.その時代を超えた思いは,つぎの巻で解説するアインシュタインの一般相対論により具体化されることになる.さらに,多様体の概念は20世紀の幾何学に主要な場を提

供し，解析学，代数学との連携の下で数多の重要な結果を生み出すこととなった．

本巻の構成について述べよう．第1章では，多様体の定義から出発し，方向微分の一般化である接続（共変微分）と，三平方の定理の「無限小版」を基礎とするリーマン多様体の概念を導入する．そして，多様体の「曲がり具合」を表現する量として，リーマンの曲率テンソルが定義される．これらの概念を道具にして，第2章では拘束系について解説する．その中で，磁気単極子や振り子，オイラーのコマを拘束系の例として扱う．第3章は，物理学で頻繁に使われるガウスの発散定理とストークスの定理を，多様体の上で定式化することを目標とする．このため，テンソル場と微分形式の概念を解説し，応用として多様体の大域理論の代表的な例であるド・ラームの定理について簡単に触れる．テンソル場と微分形式は，つぎの巻で述べる電磁場の理論および一般相対論において重要な役割を果たすことになる．

第1巻の「まえがき」でも強調したように，本書は数学の立場から物理学を俯瞰しようとするものである．物理学を主題とするこの目論見からすれば，本巻はどちらかと言えば，数学の解説の部分に重心が傾いている．したがって，その数学的「重さ」が本巻を読み進むのを困難にするかもしれない．しかし，この「労苦」は，次巻以降大いに報われることになるだろう．

2004年4月

砂田利一

目　次

まえがき

1 リーマン多様体・・・・・・・・・・・・・・・・・1
  1.1　多様体　1
  1.2　接続とリーマン多様体　9

2 拘束系・・・・・・・・・・・・・・・・・・・・23
  2.1　拘束系の運動方程式　23
  2.2　剛体の自由運動――オイラーのコマ　30
  2.3　リー群上の左不変計量に対する測地線の方程式　39

3 微分形式・・・・・・・・・・・・・・・・・・・45
  3.1　テンソル場　45
  3.2　微分形式　53
  3.3　外微分　60
  3.4　ストークスの定理　69
  3.5　特異コホモロジー群　77
  3.6　グラフと抵抗回路　89

  参考文献　97
  索　引　99

―― 囲み記事 ――
リーマンの曲率テンソルとガウス曲率　22
磁気単極子　29
双対空間の「機能」　47
記号の効用　60
商線形空間　65
続・ガウスはなんでも知っていた!?　80
位相幾何学　85

1
リーマン多様体

 まず,多様体に関する基本事項を解説し,方向微分の一般化である**接続**(**共変微分**),曲面の第1基本形式の一般化であるリーマン**計量**,ガウス曲率の高次元版としてのリーマンの**曲率テンソル**など,多様体の付加的な構造について簡単に触れる(巻末の参考文献[1]).

■1.1 多様体

 多様体について簡単に解説しよう.つぎの性質を満たす集合 M を,n 次元の滑らかな**多様体**という.
(i) M の部分集合の族 $\{U_\alpha\}_{\alpha \in A}$ と,各 $\alpha \in A$ について,n 次元数空間 $\mathbb{R}^n$ の開集合 V_α への全単射 $\varphi_\alpha : U_\alpha \longrightarrow V_\alpha$ が存在する.
(ii) $\{U_\alpha\}_{\alpha \in A}$ は M の被覆,すなわち $M = \bigcup_{\alpha \in A} U_\alpha$ である.
(iii) 任意の $\alpha, \beta \in A$ に対して,$\varphi_\alpha(U_\alpha \cap U_\beta)$ は V_α の開集合である.
(iv) $U_\alpha \cap U_\beta \neq \emptyset$ であるとき,$\varphi_\beta \circ \varphi_\alpha^{-1} : \varphi_\alpha(U_\alpha \cap U_\beta) \longrightarrow \varphi_\beta(U_\alpha \cap U_\beta)$ およびその逆写像 $\varphi_\alpha \circ \varphi_\beta^{-1} : \varphi_\beta(U_\alpha \cap U_\beta) \longrightarrow$

$\varphi_\alpha(U_\alpha \cap U_\beta)$ は，$\mathbb{R}^n$ の開集合から $\mathbb{R}^n$ への写像としてともに滑らかである．

(ⅴ) M の異なる任意の 2 点 p_1, p_2 に対して，$U_1 \cap U_2 = \emptyset$ となる開集合 U_1, U_2 で，$p_1 \in U_1, p_2 \in U_2$ となるものが存在する．

いま，W を M の部分集合とする．任意の $\alpha \in A$ に対して，$\varphi_\alpha(U_\alpha \cap W)$ が $\mathbb{R}^n$ の開集合であるとき，W を M の開集合という．$\mathcal{O}$ を M の開集合の全体からなる集合族とするとき，$\mathcal{O}$ は開集合の公理(本講座「物の理・数の理1」1.1節)を満たすことがわかる．この位相によって多様体 M を位相空間と考える．

例1
(1) 有限次元アフィン空間は多様体である．
(2) 多様体の開集合は多様体である．
(3) $\mathbb{R}^3$ の中の滑らかな曲面 M は，2次元多様体である．実際，$\boldsymbol{S}: V \longrightarrow U \subset M$ を局所径数表示とするとき，$\varphi: U \longrightarrow V$ を $\boldsymbol{S}$ の逆写像として定義すれば，(U, φ) たちは上の性質を満たす．
(4) $S^n = \{(x_1, \cdots, x_{n+1}) \in \mathbb{R}^{n+1}; x_1{}^2 + \cdots + x_{n+1}{}^2 = 1\}$ と置き，$U_i^\pm = S^n \cap \{(x_1, \cdots, x_{n+1}); x_i \geqq 0\}$，$\varphi_i^\pm(x_1, \cdots, x_{n+1}) = (x_1, \cdots, x_{i-1}, x_{i+1}, \cdots, x_{n+1})$ と定める．$\varphi_i^\pm$ は $U_i^\pm$ から $\{(y_1, \cdots, y_n); y_1{}^2 + \cdots + y_n{}^2 < 1\}$ への全単射であり，$\varphi_i^\pm \circ (\varphi_j^\pm)^{-1}$ たちは滑らかであるから，S^n には多様体の構造が入る．これを n 次元球面という．

一般に，多様体 M の開集合 U と単射 $\varphi: U \longrightarrow \mathbb{R}^n$ について，$\varphi(U)$ が $\mathbb{R}^n$ の開集合であり，$U_\alpha \cap U \neq \emptyset$ となる任意の α について，$\varphi \circ \varphi_\alpha^{-1}: \varphi_\alpha(U_\alpha \cap U) \longrightarrow \varphi(U_\alpha \cap U)$ がその逆写像とともに滑らかであるとき，組 (U, φ) (あるいは U) を X の**座標近傍**といい，$p \in U$ に対して $\varphi(p) = (q_1(p), \cdots, q_n(p))$ を p の**(局所)座標**という．このようにして得られる U 上の関数の組 $(q_1, \cdots, q_n)$ を**局所座標系**という．$(q_1, \cdots, q_n)$ と $(\bar{q}_1, \cdots, \bar{q}_n)$ を点 p_0 のまわりの2つの局所座標系としよう．このとき，関数系

$q_i = q_i(\overline{q}_1, \cdots, \overline{q}_n)$ $(i=1,\cdots,n)$ が存在して，2つの座標近傍の共通部分に属する点 p について，$q_i(p) = q_i(\overline{q}_1(p), \cdots, \overline{q}_n(p))$ が成り立つ．この関数系を**座標変換**という．

M 上の関数 f が滑らかであるとは，任意の α について V_α 上の関数 $f \circ \varphi_\alpha^{-1}$ が滑らかなことである．M 上の滑らかな関数全体を $C^\infty(M)$ により表わす．また，2つの多様体 M, N の間の連続写像 $f: M \longrightarrow N$ が滑らかであるとは，M の座標近傍 (U, φ) と Y の座標近傍 (ψ, V) に対して，$\psi \circ f \circ \varphi^{-1}$ が定義される限り，その定義域で滑らかなときにいう．$f: M \longrightarrow N$ が全単射であり，しかも f, f^{-1} の双方が滑らかなとき，f を**微分同相写像**という．

以下，多様体において「滑らかさ」をもつ概念をいろいろと導入するが，常に局所座標系で「読み取る」ことにより「滑らかさ」を定義することになる．

注意 多様体の定義において，座標近傍として $\mathbb{R}^n$ の開集合に同相なものばかりでなく，半空間 $\mathbb{R}^n_+ = \{(x_1, \cdots, x_n) \in \mathbb{R}^n; x_n \geq 0\}$ の開集合($\mathbb{R}^n$ の開集合と $\mathbb{R}^n_+$ との共通部分として表わされる部分集合のこと)に同相なものも座標近傍として許すようにして定義したとき，**境界付き多様体**という．

M を境界付き多様体とするとき，$x \in M$ が，$\mathbb{R}^n$ の開集合に同相な座標近傍をもてば，x を M の内部に属するという．そうでないときは，x は M の**境界点**といい，境界点の全体を M の**境界**といって，∂M により表わす．∂M は $n-1$ 次元多様体となることに注意．境界のないコンパクトな多様体を**閉じた多様体**(あるいは**閉多様体**)という．

多様体 M の接空間を定義しよう．そのため，アフィン空間におけるベクトルの「機能」の1つである，関数の「方向微分」について説明する．A^n を線形空間 L をモデルとする n 次元アフィン空間とするとき，$p \in A^n$ のまわりで定義された滑らかな

関数 f とベクトル $\boldsymbol{u} \in L$ に対して,

$$D_{\boldsymbol{u}} f = \lim_{t \to 0} \frac{1}{t} \{f(p+t\boldsymbol{u}) - f(p)\}$$

と置き, f の点 p における方向 $\boldsymbol{u}$ への**方向微分**という. 同様に, 点 p のまわりで定義された滑らかなベクトル場 X に対して,

$$D_{\boldsymbol{u}} X = \lim_{t \to 0} \frac{1}{t} \{X(p+t\boldsymbol{u}) - X(p)\}$$

を, X の点 p における方向 $\boldsymbol{u}$ への**方向微分**という. 方向微分の定義に, 平行移動が陰に使われていることに注意しよう.

とくに, 関数の方向微分の場合, 次の式が成り立つ.

$$D_{\boldsymbol{u}}(af+bg) = aD_{\boldsymbol{u}}f + bD_{\boldsymbol{u}}g \quad (a, b \in \mathbb{R}),$$
$$D_{\boldsymbol{u}}(fg) = (D_{\boldsymbol{u}}f)g(p) + f(p)(D_{\boldsymbol{u}}g)$$

方向微分の概念を踏まえて, 多様体の接ベクトルの定義を行う. 多様体 M の点 p のまわりで定義された滑らかな関数全体を $C_p(M)$ により表わす. 性質

$$X(af+bg) = aX(f) + bX(g) \quad (a, b \in \mathbb{R}, \ f, g \in C_p(M))$$
$$X(fg) = (Xf)g(p) + f(p)Xg \quad (f, g \in C_p(M))$$

を満たす写像 $X : C_p(M) \longrightarrow \mathbb{R}$ を p における**接ベクトル**といい, それら全体を T_pM により表わして, p における**接空間**という. T_pM は

$$(aX + bY)(f) = aX(f) + bY(f) \quad (a, b \in \mathbb{R}, \ f \in C_p(M))$$

により線形空間の構造をもつ.

$(q_1, \cdots, q_n)$ を p のまわりの局所座標系とする. $f \in C_p(M)$ に対して $(f \circ \varphi^{-1})(q_1, \cdots, q_n)$ を改めて $f(q_1, \cdots, q_n)$ により表わ

し，$\left(\frac{\partial}{\partial q_i}\right)_p \in T_p M$ を
$$\left(\frac{\partial}{\partial q_i}\right)_p (f) = \frac{\partial f}{\partial q_i}(p)$$
として定義する(これが $T_p M$ の元になることは，関数の積に対する微分公式(ライプニッツ則)から明らか).

例題 1.1 $\left(\frac{\partial}{\partial q_1}\right)_p, \cdots, \left(\frac{\partial}{\partial q_n}\right)_p$ は $T_p M$ の基底となることを示せ．

【解】 X を $T_p M$ の元とする．p の座標を $\mathbf{0}=(0,\cdots,0)$ としよう．$f \in C_p(M)$ を次のように展開する．

$$\begin{aligned} f(\boldsymbol{q}) &= f(\mathbf{0}) + \int_0^1 \frac{\mathrm{d}}{\mathrm{d}t} f(t\boldsymbol{q}) \, \mathrm{d}t \\ &= f(\mathbf{0}) + \sum_{i=1}^n q_i \int_0^1 \frac{\partial f}{\partial q_i}(t\boldsymbol{q}) \, \mathrm{d}t = f(\mathbf{0}) + \sum_{i=1}^n q_i g_i(\boldsymbol{q}) \end{aligned}$$

ここで，$\boldsymbol{q}=(q_1,\cdots,q_n)$ とする．$g_i(\mathbf{0})=\frac{\partial f}{\partial q_i}(p)$ に注意しよう．各座標 q_i を座標近傍上の関数と考えれば次式を得る．

$$X(f) = \sum_{i=1}^n X(q_i) \frac{\partial f}{\partial q_i}(p)$$

よって，$\left(\frac{\partial}{\partial q_1}\right)_p, \cdots, \left(\frac{\partial}{\partial q_n}\right)_p$ は $T_p M$ を張る．それらの線形独立性は，f として座標関数 q_j を取るとき $\frac{\partial f}{\partial q_i}=\delta_{ij}$ となることから明らか．ここで δ_{ij} は**クロネッカーの記号**である：$\delta_{ij} = \begin{cases} 1 & (i=j) \\ 0 & (i \neq j) \end{cases}$ □

例題 1.2 $(q_1,\cdots,q_n)$ と $(\bar{q}_1,\cdots,\bar{q}_n)$ を点 p のまわりの 2 つの局所座標系とするとき，

$$\left(\frac{\partial}{\partial \bar{q}_i}\right)_p = \sum_{j=1}^n \frac{\partial q_j}{\partial \bar{q}_i}(p) \left(\frac{\partial}{\partial q_j}\right)_p$$

となることを示せ．ここで，$q_j = q_j(\bar{q}_1,\cdots,\bar{q}_n)$ は座標変換を表わす．

【解】 合成関数の微分公式 $\frac{\partial f}{\partial \bar{q}_i} = \sum_{j=1}^n \frac{\partial q_j}{\partial \bar{q}_i} \frac{\partial f}{\partial q_j}$ を使えばよい． □

滑らかな曲線 $c : (a,b) \longrightarrow M$ に対して，**速度ベクトル** $\dot{c}(t) \in$

$T_{c(t)}M$ を

$$\dot{c}(t)(f) = \frac{\mathrm{d}}{\mathrm{d}t}\Big|_{t=0} f(c(t)) \quad (f \in C_{c(t)}(M))$$

として定義する.$c(t)$ のまわりの局所座標系 $(q_1,\cdots,q_n)$ について,$c(t)=(q_1(t),\cdots,q_n(t))$ とすると,次式が成り立つ.

$$\dot{c}(t) = \sum_{i=1}^{n} \dot{q}_i(t)\Big(\frac{\partial}{\partial q_i}\Big)_{c(t)}$$

例 2 M を $\mathbb{R}^3$ の中の曲面とし,$\boldsymbol{S}(u,v)$ を点 $p\in M$ のまわりの局所径数表示とする.$X\in T_p M$ に対して,$c:(-\epsilon,\epsilon) \longrightarrow M$ を,その速度ベクトル $\dot{c}(0)$ が X と一致する曲線とする.c を $\mathbb{R}^3$ の曲線とみなしたときの速度ベクトル $\boldsymbol{u}$ は M の p における接平面 H_p に属するから,X に $\boldsymbol{u}$ を対応させることにより,$T_p M$ から H_p への写像 τ が得られる(この写像は $\dot{c}(0)=X$ となる限り,c の取り方にはよらない).

$$\tau\Big(\Big(\frac{\partial}{\partial u}\Big)_p\Big) = \boldsymbol{S}_u(u,v), \quad \tau\Big(\Big(\frac{\partial}{\partial v}\Big)_p\Big) = \boldsymbol{S}_v(u,v) \quad (p = \boldsymbol{S}(u,v))$$

となることは容易に確かめられるから,τ は線形同型写像である.

M の各点 p に接ベクトル $X(p)\in T_p M$ を対応させる写像 X を,M 上の(接)**ベクトル場**という.各局所座標系 $(q_1,\cdots,q_n)$ により,$X=\sum_{i=1}^{n} \xi^i \Big(\frac{\partial}{\partial q_i}\Big)$ と表わしたとき,ξ^i たちが $(q_1,\cdots,q_n)$ の滑らかな関数であるとき,X は滑らかなベクトル場という.M 上の滑らかなベクトル場全体を $\mathfrak{X}(M)$ により表わす.

例題 1.3
(1) ベクトル場 $X, Y \in \mathfrak{X}(M)$ について,偏微分作用素として,$XY-YX$ は 1 階の偏微分作用素,すなわちベクトル場であることを示せ.$[X,Y]=XY-YX$ と置いて,X,Y の**交換子積**という.
(2) $\mathfrak{X}(M)$ は交換子積によりリー環となることを示せ.
(3) アフィン空間上のベクトル場 X, Y に対して,$D_X Y - D_Y X = [X,Y]$ を示せ.ここで,$(D_X Y)(p)=(D_{X(p)} Y)(p)$ である.

【解】
(1) $X=\sum_{i=1}^n \xi^i \left(\frac{\partial}{\partial q_i}\right)$, $Y=\sum_{i=1}^n \eta^i \left(\frac{\partial}{\partial q_i}\right)$ であるとき,
$$[X,Y] = \sum_{i,j=1}^n \left(\xi^i \frac{\partial \eta^j}{\partial q_i} - \eta^i \frac{\partial \xi^j}{\partial q_i}\right)\left(\frac{\partial}{\partial q_j}\right) \tag{1.1}$$
である. (2), (3) も容易に示せる. □

本講座「物の理・数の理1」4.1節の冒頭で述べたベクトル場と1径数局所変換群の間の関係は, 多様体上のベクトル場にも一般化される. ベクトル場 $X \in \mathfrak{X}(M)$ に対して, 方程式
$$\frac{\mathrm{d}c}{\mathrm{d}t} = X(c(t)) \quad (c(0) = p) \tag{1.2}$$
を考える. 局所座標系 $(q_1, \cdots, q_n)$ を使えば, $c(t)$ の座標を $(q_1(t), \cdots, q_n(t))$, X の成分を $(\xi^1, \cdots, \xi^n)$ とするとき $\Big($すなわち $X = \sum_{k=1}^n \xi^k \frac{\partial}{\partial q_k}\Big)$, 上の方程式は
$$\frac{\mathrm{d}x_k}{\mathrm{d}t} = \xi^k(q_1(t),\cdots,q_n(t)) \quad (k=1,\cdots,n)$$
と書き表わせる. これは1階の常微分方程式(系)である. 常微分方程式の基本定理(解の存在と一意性)により(本講座「物の理・数の理1」例題3.5), 0を含む開区間で, この方程式は一意的な解 $c(t)$ をもつから, $\varphi_t(p) = c(t)$ とおく. $\varphi : (t, p) \mapsto \varphi_t(p)$ は, $\mathbb{R} \times M$ の $\{0\} \times M$ を含む開集合 U から M への滑らかな写像である(助変数に関する解の微分可能性). $(t,p), (s, \varphi_t(p))$, $(s+t, \varphi_{s+t}(p)) \in U$ であるとき, $\varphi_s(\varphi_t(p)) = \varphi_{s+t}(p)$ が成り立つことが, 解の一意性から確かめられる. φ を, X の生成する**1径数局所変換群**という. 逆に, この性質を満たす $\varphi : (t,p) \mapsto \varphi_t(p)$ に対して, $X(p) = \frac{\mathrm{d}}{\mathrm{d}t}\Big|_{t=0} \varphi_t(p)$ と置けば, $X \in \mathfrak{X}(M)$ であり, ベクトル場 X は φ を生成する. 一般には, $U = \mathbb{R} \times M$ とは

ならないが，もし $U=\mathbb{R}\times M$ のときは，X を**完備なベクトル場**といい，φ を X が生成する **1 径数変換群**あるいは**流れ**(flow)という．φ_t を $\mathrm{Exp}\,tX$ により表わす．コンパクトな台をもつ X は完備である．とくに M がコンパクトなときは，すべてのベクトル場 X が完備である．

> **課題 1.1** ベクトル場 X が生成する 1 径数局所変換群 φ の定義域 $U\subset\mathbb{R}\times M$ に対して，$(-\epsilon,\epsilon)\times M\subset U$ となる正数 ϵ が存在すれば，X は完備であることを示せ．
> 〔ヒント〕 $|t|,|s|<\epsilon$ であるとき，$\varphi_s(\varphi_t(p))$ に意味があるから，このことを使って φ_t を $-\infty<t<\infty$ に拡張できる．

滑らかな写像 $\varphi:M\longrightarrow N$ が与えられたとき，M の各点 p に対して，線形写像 $\varphi_*:T_pM\longrightarrow T_{\varphi(p)}N$ がつぎのようにして定義される．$X\in T_pM$, $f\in C_{\varphi(p)}(N)$ に対して $(\varphi_*X)f=X(f\circ\varphi)$ と置く．φ_* を φ に対する**微分写像**という．

例題 1.4 p のまわりの局所座標系を $(q_1,\cdots,q_n)$, $\varphi(p)$ のまわりの局所座標系を $(x_1,\cdots,x_d)$ として，$\varphi_\alpha(q_1,\cdots,q_n)$ $(\alpha=1,\cdots,d)$ を，座標 $(q_1,\cdots,q_n)$ をもつ点 $q\in M$ の像 $\varphi(q)$ の N における座標成分とする．このとき，次式を示せ．

$$\varphi_*\Big(\frac{\partial}{\partial q_i}\Big)=\sum_{\alpha=1}^d\frac{\partial\varphi_\alpha}{\partial q_i}\Big(\frac{\partial}{\partial x_\alpha}\Big)$$

【解】 合成関数の微分公式による． □

> **演習問題 1.1** 滑らかな写像 $\varphi:M\longrightarrow N$, $\psi:N\longrightarrow P$ に対して，$(\psi\circ\varphi)_*=\psi_*\varphi_*$ となることを示せ．

例題 1.5 $\varphi_t(p)=(\mathrm{Exp}\,tX)(p)$ と置くとき

$$\frac{\mathrm{d}}{\mathrm{d}t}\Big|_{t=0}(\varphi_t)_*\big(Y(\varphi_{-t}p)\big)=-[X,Y](p)$$

であることを示せ．ここで左辺は T_pM に値をとるベクトル値関数としての微分であることに注意．

【解】 p のまわりの局所座標系 $\boldsymbol{q}=(q_1,\cdots,q_n)$ をとる（p の座標は $\boldsymbol{0}$ とする）．

$$X = \sum_i \xi^i \frac{\partial}{\partial q_i} , \quad Y = \sum_i \eta^i \frac{\partial}{\partial q_i}$$

と表わす．十分小さい t に対して φ_t をこの座標系で表わし，それを $(\varphi_1(t,\boldsymbol{q}),\cdots,\varphi_n(t,\boldsymbol{q}))$ とする．このとき

$$\frac{\mathrm{d}\varphi_i(t,\boldsymbol{q})}{\mathrm{d}t} = \xi^i(\varphi(t,\boldsymbol{q})) , \quad \varphi_i(0,\boldsymbol{q}) = q_i$$

であり，さらに

$$(\varphi_t)_*\bigl(Y(\varphi_{-t}x)\bigr) = \sum_{i,j} \frac{\partial \varphi_j}{\partial q_i}\bigl(t,\varphi(-t,\boldsymbol{0})\bigr)\eta^i\bigl(\varphi(-t,\boldsymbol{0})\bigr)\left(\frac{\partial}{\partial q_j}\right)_p$$

である．合成関数の微分公式により

$$\begin{aligned}
&\frac{\mathrm{d}}{\mathrm{d}t}\Big|_{t=0} \frac{\partial \varphi_j}{\partial q_i}\bigl(t,\varphi(-t,\boldsymbol{0})\bigr)\eta^i\bigl(\varphi(-t,\boldsymbol{0})\bigr) \\
&= \frac{\partial}{\partial q_i}\frac{\mathrm{d}\varphi_j}{\mathrm{d}t}(0,\boldsymbol{0})\eta^i(\boldsymbol{0}) - \sum_k \frac{\partial^2 \varphi_j}{\partial q_i \partial q_k}(0,\boldsymbol{0})\frac{\mathrm{d}\varphi_k}{\mathrm{d}t}(0,\boldsymbol{0})\eta^i(0,\boldsymbol{0}) \\
&\quad - \frac{\partial \varphi_j}{\partial q_i}(0,\boldsymbol{0})\sum_k \frac{\partial \eta^i}{\partial q_k}(\boldsymbol{0})\frac{\mathrm{d}\varphi_k}{\mathrm{d}t}(0,\boldsymbol{0}) \\
&= \frac{\partial \xi^j}{\partial q_i}(\boldsymbol{0})\eta^i(\boldsymbol{0}) - \sum_k \frac{\partial \eta^j}{\partial q_k}(\boldsymbol{0})\eta^k(\boldsymbol{0})
\end{aligned}$$

となる．ここで，$\dfrac{\partial \varphi_j}{\partial q_i}(0,\boldsymbol{q})=\delta_{ij}$ を使った．したがって，(1.1)により主張を得る． □

■1.2 接続とリーマン多様体

アフィン空間では，関数のみならず，ベクトル場の方向微分というものが考えられた．一般の多様体では，何らかの付加的構造がない限り，ベクトル場の自然な方向微分は存在しない．そこで，

つぎの定義を行う．M 上の**アフィン接続**とは，各点 $p \in M$ に対して与えられるつぎの性質を満たす写像 $\nabla : T_pM \times \mathfrak{X}(M) \longrightarrow T_pM$ のことをいう．

(i) $\boldsymbol{u} \in T_pM$ と $X \in \mathfrak{X}(M)$ に対して，$\nabla(\boldsymbol{u}, X) = \nabla_{\boldsymbol{u}} X$ と置くとき，

$$\nabla_{a\boldsymbol{u}+b\boldsymbol{v}} X = a\nabla_{\boldsymbol{u}} + b\nabla_{\boldsymbol{v}} X,$$

$$\nabla_{\boldsymbol{u}}(aX+bY) = a\nabla_{\boldsymbol{u}} X + b\nabla_{\boldsymbol{v}} Y$$

$$(a, b \in \mathbb{R}, \ \boldsymbol{u}, \boldsymbol{v} \in T_pM, \ X, Y \in \mathfrak{X}(M))$$

(ii) $\nabla_{\boldsymbol{u}}(fX) = (\boldsymbol{u}f)X(p) + f(p)\nabla_{\boldsymbol{u}} X$ $(f \in C^\infty(M), X \in \mathfrak{X}(X))$

(iii) 任意の $X, Y \in \mathfrak{X}(M)$ に対して，$(\nabla_X Y)(p) = \nabla_{X(p)} Y \in T_pM$ と置くとき，$\nabla_X Y$ も滑らかなベクトル場である．

$\nabla_{\boldsymbol{u}} X$ は X の方向 $\boldsymbol{u}$ への共変微分とよばれるが，これは方向微分の類似である．M の任意の開集合 U と，$X, Y \in \mathfrak{X}(U)$ に対して，$\nabla_X Y \in \mathfrak{X}(U)$ が定義される．実際，このことは，$X, Y \in \mathfrak{X}(M)$ が p の近傍で一致すれば，$\nabla_{\boldsymbol{u}} X = \nabla_{\boldsymbol{u}} Y$ $(\boldsymbol{u} \in T_pM)$ となることから導かれる．よって，局所座標系 $(q_1, \cdots, q_n)$ に対して，座標近傍上定義される n^3 個の関数 $\Gamma_i{}^k{}_j$ により

$$\nabla_{\frac{\partial}{\partial q_i}}\left(\frac{\partial}{\partial q_j}\right) = \sum_{k=1}^n \Gamma_i{}^k{}_j \left(\frac{\partial}{\partial q_k}\right)$$

と表わすことができる．$\Gamma_i{}^k{}_j$ を，接続 ∇ の局所座標系 $(q_1, \cdots, q_n)$ に関する**クリストッフェルの記号**という．$X = \sum_i \xi^i \left(\dfrac{\partial}{\partial q_i}\right)$, $Y = \sum_i \eta^i \left(\dfrac{\partial}{\partial q_i}\right)$ と置けば，接続に関するつぎの局所表示を得る．

$$\nabla_X Y = \sum_{i,k} \xi^i \left(\frac{\partial \eta^k}{\partial q_i} + \sum_j \Gamma_i{}^k{}_j \eta^j\right)\left(\frac{\partial}{\partial q_k}\right)$$

1.2 接続とリーマン多様体

演習問題 1.2 $(q_1,\cdots,q_n)$ と $(\overline{q}_1,\cdots,\overline{q}_n)$ を点 p のまわりの 2 つの局所座標系とし，$\Gamma_i{}^k{}_j$，$\overline{\Gamma}_\alpha{}^\gamma{}_\beta$ をそれぞれ対応するクリストッフェルの記号とするとき，つぎの変換則が成り立つことを示せ．

$$\sum_{\gamma=1}^n \overline{\Gamma}_\alpha{}^\gamma{}_\beta \frac{\partial q_k}{\partial \overline{q}_\gamma} = \sum_{i,j=1}^n \Gamma_i{}^k{}_j \frac{\partial q_i}{\partial \overline{q}_\alpha} \frac{\partial q_j}{\partial \overline{q}_\beta} + \frac{\partial^2 q_k}{\partial \overline{q}_\alpha \partial \overline{q}_\beta}$$

方向微分の定義には，アフィン空間における平行移動が陰に使われていた．一般の共変微分も，「制限された意味」での平行移動の概念と結び付けることができる．これを説明するため，$c : [a,b] \longrightarrow X$ を滑らかな曲線とし，$X(t) \in T_{c(t)}X$ となるような接ベクトルに値をとる滑らかな関数 X を考える．このような X を**曲線 c に沿うベクトル場**といい，それら全体を $\mathfrak{X}_c(M)$ により表わす．

例題 1.6 アフィン接続 ∇ が与えられたとき，つぎの性質を満たす線形写像 $\nabla_{\dot{c}} : \mathfrak{X}_c(M) \longrightarrow \mathfrak{X}_c(M)$ が 1 つ，そしてただ 1 つ存在することを示せ．

(1) $[a,b]$ 上の滑らかな関数 f に対して

$$\nabla_{\dot{c}}(fX) = \dot{f}X + f\nabla_{\dot{c}}X \quad (X \in \mathfrak{X}_c(M))$$

(2) $X \in \mathfrak{X}_c(M)$ が，M 上のベクトル場 Z を c に制限して得られるとき，$\nabla_{\dot{c}}X$ は，M における共変微分 $\nabla_{\dot{c}}Z$ に等しい．

【解】 $t_0 \in [a,b]$ に対して，$c(t_0)$ のまわりの局所座標系 $(q_1,\cdots,q_n)$ を選び，$c(t)$ の座標を $(q_1(t),\cdots,q_n(t))$ として，$X \in \mathfrak{X}_c(M)$ を

$$X(t) = \sum_{i=1}^n v^i(t) \Big(\frac{\partial}{\partial q_i}\Big)_{c(t)}$$

と表わす．もし，(1)，(2) を満たす $\nabla_{\dot{c}}$ が存在すれば，

$$\nabla_{\dot{c}}X = \sum_{k=1}^n \Big(\frac{\mathrm{d}v^k}{\mathrm{d}t} + \sum_{i,j=1}^n \Gamma_i{}^k{}_j \frac{\mathrm{d}q_i}{\mathrm{d}t} v^j \Big) \Big(\frac{\partial}{\partial q_k}\Big)$$

である．逆に，この式により $\nabla_{\dot{c}}$ を定義すれば，これが条件(1)，(2)を満

たすことは容易に確かめられる. □

$\nabla_{\dot{c}} X$ の代わりに,$\dfrac{D}{\mathrm{d}t} X$ と表わすこともある.$\nabla_{\dot{c}} X \equiv 0$ を満たすような $X \in \mathfrak{X}_c(M)$ は,c に沿って**平行**とよぶ.上の例題の解で述べたことから,方程式 $\nabla_{\dot{c}} X \equiv 0$ は局所的には線形常微分方程式で表わされるから,任意の $\boldsymbol{u} \in T_{c(a)}M$ に対して,$X(a)=\boldsymbol{u}$ となる平行ベクトル場 $X \in \mathfrak{X}_c(M)$ がただ 1 つ存在する.$X(b) \in T_{c(b)}M$ を,c に沿って $\boldsymbol{u}$ を**平行移動**したベクトルという.

とくに,曲線 c の速度ベクトル $\dot{c}$ は $\mathfrak{X}_c(M)$ の元である.もし,$\nabla_{\dot{c}} \dot{c}=0$ であるとき,c は**測地線**とよばれる.局所座標で表わせば,測地線の方程式は

$$\dfrac{\mathrm{d}^2 q_k}{\mathrm{d}t^2} + \sum_{i,j}^{n} \varGamma_i{}^k{}_j \dfrac{\mathrm{d}q_i}{\mathrm{d}t} \dfrac{\mathrm{d}q_j}{\mathrm{d}t} = 0 \quad (k=1,\cdots,n)$$

により与えられる.

課題 1.2 測地線 c は 2 階の常微分方程式の解であるから,初期条件 $c(0)=p, \dot{c}(0)=\boldsymbol{v} \in T_p M$ により完全に決定される.一般には $c(1)$ が定義されるとは限らない.しかし,$s \in \mathbb{R}$ に対して,$c_1(t)=c(st)$ と置いて定義した曲線 c_1 は初期条件 $c_1(0)=p, \dot{c}_1(0)=s\boldsymbol{v}$ を満たす測地線であり,s が十分に小さければ $c_1(1)$ が意味をもつ.このことに注意して,つぎのことを示せ.
(1) $T_p M$ の原点を含む近傍 U が存在して,各 $\boldsymbol{v}$ に対して $c(0)=p, \dot{c}(0)=\boldsymbol{v}$ を満たす測地線 c に対して $c(1)$ が意味をもつ.
(2) $\mathrm{Exp}\,\boldsymbol{v}=c(1)$ と置くとき,Exp は U から M への滑らかな写像である.さらに,Exp の原点における微分写像は $T_p M$ からそれ自身への恒等写像である(よって,逆関数定理により Exp は原点のまわりで微分同相写像である).Exp を接続に付随する**指数写像**という(1 径数変換群の場合と同じ記号を用いているが,異なる概念であることに注意).

多様体はアフィン空間を「曲げた」ものであるが，リーマン多様体は接空間がユークリッド空間の構造をもつ多様体として定義される．詳しく言えば，各接空間 T_pM に内積 $g_p(\cdot,\cdot)$ が与えられ，M の各局所座標系 $(q_1,\cdots,q_n)$ について，

$$g_{ij} = g\left(\left(\frac{\partial}{\partial q_i}\right),\left(\frac{\partial}{\partial q_j}\right)\right)$$

が座標近傍上で滑らかな関数であるとき，g を**リーマン計量**，(M,g) を**リーマン多様体**という．g_{ij} を局所座標系に関する**第1基本形式の係数**という．リーマン計量の表わし方として，古典的な表現である $ds^2 = \sum_{i,j} g_{ij} dx_i dx_j$ を使うこともある．

2つのリーマン多様体 (M,g), (N,h) の間の滑らかな写像 $\varphi: M \longrightarrow N$ について，$h(\varphi_*(X),\varphi_*(Y))=g(X,Y)$ $(X,Y \in T_pM, p\in M)$ が成り立つとき，φ を**等距離写像**という．

例3

(1) 内積をもつ線形空間 L をモデルとするユークリッド空間 E^n には，T_pE^n を L と同一視して内積を入れることにより，リーマン多様体の構造が入る．直交座標系 $(q_1,\cdots,q_n)$ について，$g_{ij}=\delta_{ij}$ となる．

(2) M を $\mathbb{R}^3$ の中の曲面とし，$\boldsymbol{S}$ を局所径数表示とする．M のリーマン計量 g を，

$$g(X,Y) = \tau(X)\cdot\tau(Y) \quad (\text{"}\cdot\text{"} は \mathbb{R}^3 における内積)$$

として定義する．ここで，$\tau: T_pM \longrightarrow H_p \subset \mathbb{R}^3$ は，前節の例2で与えた線形同型写像である．

$$g\left(\left(\frac{\partial}{\partial u}\right),\left(\frac{\partial}{\partial u}\right)\right) = \boldsymbol{S}_u \cdot \boldsymbol{S}_u = E,$$

$$g\left(\left(\frac{\partial}{\partial u}\right),\left(\frac{\partial}{\partial v}\right)\right) = \boldsymbol{S}_u \cdot \boldsymbol{S}_v = F,$$

$$g\left(\left(\frac{\partial}{\partial v}\right),\left(\frac{\partial}{\partial v}\right)\right) = \boldsymbol{S}_v \cdot \boldsymbol{S}_v = G$$

よって，g_{ij} は曲面論における第 1 基本形式の係数の一般化であることがわかる．

例題 1.7 リーマン多様体 M にはつぎの性質をもつアフィン接続がただ 1 つ存在することを示せ．

(1) $\nabla_X Y - \nabla_Y X = [X, Y]$ $(X, Y \in \mathfrak{X}(M)$ $(\iff \Gamma_i{}^k{}_j = \Gamma_j{}^k{}_i)$
(2) $X(g(Y, Z)) = g(\nabla_X Y, Z) + g(Y, \nabla_X Z)$ $(X, Y, Z \in \mathfrak{X}(M))$

この性質を満たすアフィン接続を**レビ-チビタ接続**という．

【解】 まず，一意性を証明しよう．

$\underline{g(\nabla_X Y, Z)}$
$= Xg(Y, Z) - g(Y, \nabla_X Z)$
$= Xg(Y, Z) - g(Y, \nabla_Z X + [X, Z])$
$= Xg(Y, Z) - g(Y, \nabla_Z X) - g(Y, [X, Z])$
$= Xg(Y, Z) - Zg(Y, X) + g(\nabla_Z Y, X) - g(Y, [X, Z])$
$= Xg(Y, Z) - Zg(Y, X) + g(\nabla_Y Z, X) + g([Z, Y], X) - g(Y, [X, Z])$
$= Xg(Y, Z) - Zg(Y, X) + Yg(Z, X) - g(Z, \nabla_Y X)$
$\quad + g([Z, Y], X) - g(Y, [X, Z])$
$= Xg(Y, Z) - Zg(Y, X) + Yg(Z, X) - \underline{g(Z, \nabla_X Y)} - g(Z, [Y, X])$
$\quad + g([Z, Y], X) - g(Y, [X, Z])$
$\implies 2g(\nabla_X Y, Z) = Xg(Y, Z) - Zg(Y, X) + Yg(Z, X) - g(Z, [Y, X])$
$\qquad\qquad + g(X, [Z, Y]) - g(Y, [X, Z])$ \qquad (1.3)

(1.3)の右辺が交換子積と計量のみで表わされていることにより一意性が導かれる．逆に，この等式が満足されるように ∇ を定義すると，それが(1)，(2)の性質をもつことは計算により確かめられる． □

以下，接続はすべてレビ-チビタ接続とする．

例題 1.8 局所座標系 $(q_1, \cdots, q_n)$ に関するクリストッフェルの記号は，

$$\Gamma_i{}^k{}_j = \frac{1}{2} \sum_h g^{kh} \left(\frac{\partial g_{hj}}{\partial q_i} + \frac{\partial g_{hi}}{\partial q_j} - \frac{\partial g_{ij}}{\partial q_h} \right)$$

により与えられることを示せ．とくに，$\Gamma_i{}^k{}_j = \Gamma_j{}^k{}_i$ である．ここで，(g^{hk}) は (g_{ij}) の逆行列，すなわち，$\sum_{j=1}^{n} g^{ij} g_{jk} = \delta_{ik}$ である．

【解】 (1.3)において，$X = \left(\dfrac{\partial}{\partial q_i}\right)$, $Y = \left(\dfrac{\partial}{\partial q_j}\right)$, $Z = \left(\dfrac{\partial}{\partial q_l}\right)$ と置けば，
$$\sum_{h=1}^{n} g_{lh} \Gamma_i{}^h{}_j = \frac{1}{2}\left(\frac{\partial g_{jl}}{\partial q_i} + \frac{\partial g_{il}}{\partial q_j} - \frac{\partial g_{ij}}{\partial q_l}\right)$$
となるから，両辺に g^{kl} を掛けて l について足しあわせればよい． □

例題 1.9 平行なベクトル場 $X, Y \in \mathfrak{X}_c(M)$ に対して，$g(X(t), Y(t))$ は定数であることを示せ．とくに測地線 c に対して，$g(\dot{c}(t), \dot{c}(t))$ は定数である．

【解】 $\dfrac{\mathrm{d}}{\mathrm{d}t} g(X(t), Y(t)) = g\left(\dfrac{D}{\mathrm{d}t} X(t), Y(t)\right) + g\left(X(t), \dfrac{D}{\mathrm{d}t} Y(t)\right) = 0$ □

課題 1.3 連結なリーマン多様体 (M, g) において，区分的に滑らかな曲線 $c : [a, b] \longrightarrow M$ の長さ $\ell(c)$ を
$$\ell(c) = \int_a^b g(\dot{c}, \dot{c})^{\frac{1}{2}} \, \mathrm{d}t$$
により定義する．そして，$p, q \in M$ に対して，$d(p, q)$ を p, q を結ぶ区分的に滑らかな曲線の長さの下限として定義する．つぎのことを示せ．
(1) d は M 上の距離関数であり，この距離により定まる位相は M の位相と一致する．
(2) 距離空間 (M, d) が完備であるための必要十分条件は，任意の測地線弧が $(-\infty, \infty)$ を定義域とする測地線に拡張されること，換言すれば，指数写像が接空間全体に拡張されることである．

U を $\mathbb{R}^2$ の開集合として，$S : U \longrightarrow M$ を滑らかな写像とする．各 $(u, v) \in U$ に対して接ベクトル $X(u, v) \in T_{S(u,v)} M$ を対応させる滑らかな写像を S に沿うベクトル場という．このとき共変偏微分 $\dfrac{D}{\partial u} X$, $\dfrac{D}{\partial v} X$ が自然に定義される．

1 リーマン多様体

例題 1.10 $\dfrac{D}{\partial u}\dfrac{\partial S}{\partial v}=\dfrac{D}{\partial v}\dfrac{\partial S}{\partial u}$ を示せ.

【解】 M の局所座標系をとり, $S(u,v)$ の座標を $(S_1(u,v),\cdots,S_n(u,v))$ とするとき

$$\frac{D}{\partial u}\frac{\partial S}{\partial v} = \sum_{k=1}^n \Bigl(\frac{\partial^2 S_k}{\partial u \partial v}+\sum_{i,j=1}^n {\Gamma_i}^k{}_j \frac{\partial S_i}{\partial u}\frac{\partial S_j}{\partial v}\Bigr)\Bigl(\frac{\partial}{\partial q_k}\Bigr)$$

であり, ${\Gamma_i}^k{}_j={\Gamma_j}^k{}_i$ であるから, 上式は $\dfrac{D}{\partial v}\dfrac{\partial S}{\partial u}$ に等しい. □

一般に, $\dfrac{D}{\partial u}\dfrac{D}{\partial v}X\neq\dfrac{D}{\partial v}\dfrac{D}{\partial u}X$ である. この両辺の "ギャップ" を表わす量として, リーマンの**曲率テンソル**をつぎのように定義する:

$$R(X,Y)Z = -\nabla_X\nabla_Y Z+\nabla_Y\nabla_X Z+\nabla_{[X,Y]}Z \qquad (1.4)$$

演習問題 1.3

(1) M の局所座標系 $(q_1,\cdots,q_n)$ について,

$$R\Bigl(\Bigl(\frac{\partial}{\partial q_i}\Bigr),\Bigl(\frac{\partial}{\partial q_j}\Bigr)\Bigr)\Bigl(\frac{\partial}{\partial q_k}\Bigr) = \sum_{l=1}^4 {R^l}_{ijk}\Bigl(\frac{\partial}{\partial q_l}\Bigr)$$

と置く. $X=\sum_i \xi^i\Bigl(\dfrac{\partial}{\partial q_i}\Bigr)$, $Y=\sum_i \eta^i\Bigl(\dfrac{\partial}{\partial q_i}\Bigr)$, $Z=\sum_i \zeta^i\Bigl(\dfrac{\partial}{\partial q_i}\Bigr)$ に対して, (1.4)の右辺は $\sum_{i,j,k,l}{R^l}_{ijk}\xi^i\eta^j\zeta^k\Bigl(\dfrac{\partial}{\partial q_l}\Bigr)$ となることを示せ.

(2) ${R^l}_{ijk}=\dfrac{\partial}{\partial q_j}{\Gamma_i}^l{}_k-\dfrac{\partial}{\partial q_i}{\Gamma_j}^l{}_k+\sum_{h=1}^n {\Gamma_i}^h{}_k{\Gamma_j}^l{}_h-\sum_{h=1}^n {\Gamma_j}^h{}_k{\Gamma_i}^l{}_h$ を示せ.

例題 1.11 $\dfrac{D}{\partial u}\dfrac{D}{\partial v}X-\dfrac{D}{\partial v}\dfrac{D}{\partial u}X=R\Bigl(\dfrac{\partial S}{\partial v},\dfrac{\partial S}{\partial u}\Bigr)X$ を示せ.

【解】 局所座標系を用いて両辺を表現し, 曲率テンソルの定義式から得られる式 $\nabla_{\partial_i}\nabla_{\partial_j}\partial_k-\nabla_{\partial_j}\nabla_{\partial_i}\partial_k=R(\partial_j,\partial_i)\partial_k$, $\Bigl(\partial_i=\Bigl(\dfrac{\partial}{\partial q_i}\Bigr)\Bigr)$ を用いて計算すればよい. □

例題 1.12 次式を示せ(かっこの中は, 成分で表わしたもの).

(1) $R(X,Y)Z=-R(Y,X)Z \quad ({R^i}_{jkl}=-{R^i}_{kjl})$

(2) $R(X,Y)Z+R(Y,Z)X+R(Z,X)Y=0 \quad ({R^i}_{jkl}+{R^i}_{ljk}+{R^i}_{klj}=0)$

(3) $g(R(X,Y)Z,W)=-g(R(X,Y)W,Z) \quad \Bigl(\sum_i g_{ih}{R^i}_{jkl}=-\sum_i g_{il}{R^i}_{jkh}\Bigr)$

(4) $g(R(X,Y)Z,W)=g(R(Z,W)X,Y) \quad \Bigl(\sum_i g_{ih}{R^i}_{jkl}=\sum_i g_{ik}{R^i}_{lhj}\Bigr)$

1.2 接続とリーマン多様体

【解】 (1), (2)は演習問題1.3の(2)と $\Gamma_i{}^k{}_j = \Gamma_j{}^k{}_i$ から導かれる. (3)を示すには, $g(R(X,Y)Z,Z)=0$ を証明すれば十分である. $[X,Y]=0$ と仮定してよいことに注意(実際, $X=\partial_i, Y=\partial_j$ に対して証明すれば十分である). $g(R(X,Y)Z,Z)=-g(\nabla_X\nabla_Y Z,Z)+g(\nabla_Y\nabla_X Z,Z)$ であるから, $g(\nabla_X\nabla_Y Z,Z)$ が X,Y について対称であることをみればよい.

$$YXg(Z,Z) = 2Yg(\nabla_X Z,Z)$$
$$= 2g(\nabla_Y\nabla_X Z,Z)+2g(\nabla_X Z,\nabla_Y Z) \qquad (1.5)$$

の右辺の第2項が X,Y について対称なことと, 仮定 $[X,Y]=0$ から導かれる $YXg(Z,Z)=XYg(Z,Z)$ より, (1.5)の右辺の第1項も X,Y について対称である.

(4)はつぎのように示される.

(i) $g(R(X,Y)Z,W)+g(R(Y,Z)X,W)+g(R(Z,X)Y,W)=0$

(ii) $g(R(X,Y)Z,W)+g(R(Y,W)Z,X)+g(R(X,W)Y,Z)$
$=g(R(Y,X)W,Z)+g(R(W,Y)X,Z)+g(R(X,W)Y,Z)=0$

(iii) $g(R(Y,Z)X,W)+g(R(Y,W)Z,X)+g(R(Z,W)X,Y)$
$=g(R(Z,Y)W,X)+g(R(Y,W)Z,X)+g(R(W,Z)Y,X)=0$

(iv) $g(R(X,W)Y,Z)+g(R(Z,W)X,Y)+g(R(Z,X)Y,W)$
$=g(R(W,X)Z,Y)+g(R(Z,W)X,Y)+g(R(X,Z)W,Y)=0$

$\Longrightarrow 0 = ((\text{i})+(\text{ii}))-((\text{iii})+(\text{iv})) = 2g(R(X,Y)Z,W)-2g(R(Z,W)X,Y)$

□

曲率テンソルが恒等的に0になることと, リーマン多様体が局所的にはユークリッド空間になることが同値であること(すなわち, 各点のまわりの局所座標系 $(q_1,\cdots,q_n)$ で, $g_{ij}\equiv\delta_{ij}$ となるものが存在すること)を示そう. このため, $R^i{}_{jkl}=0$ が, ある**全微分方程式の完全積分可能条件**となることをみる.

全微分方程式について説明しよう. 一般に, つぎのような形の方程式を**全微分方程式**という.

$$\frac{\partial \boldsymbol{y}}{\partial q_i} = \boldsymbol{f}_i(\boldsymbol{q}, \boldsymbol{y}) \quad (i=1,\cdots,n) \tag{1.6}$$

ここで，$\boldsymbol{q}=(q_1,\cdots,q_n)$ であり，未知関数 $\boldsymbol{y}=\boldsymbol{y}(q_1,\cdots,q_n)$ および $\boldsymbol{f}_i(\boldsymbol{q},\boldsymbol{y})$ は $\mathbb{R}^N$ に値をとる滑らかなベクトル値関数である．(1.6)を初期条件 $\boldsymbol{y}(a_1,\cdots,a_n)=\boldsymbol{b}$ の下で解くことを考える．もし解が存在したとすると，$\dfrac{\partial \boldsymbol{y}}{\partial q_i \partial q_j} = \dfrac{\partial \boldsymbol{y}}{\partial q_j \partial q_i}$ であるから，(1.6)の両辺を q_j で偏微分したものと，(1.6)の i を j に変えてから q_i について偏微分したものの右辺をくらべることにより，つぎの条件を得る．

$$\frac{\partial \boldsymbol{f}_j}{\partial q_i} + \sum_{\alpha=1}^{N} \frac{\partial \boldsymbol{f}_j}{\partial y_\alpha} f_{i\alpha} = \frac{\partial \boldsymbol{f}_i}{\partial q_j} + \sum_{\alpha=1}^{N} \frac{\partial \boldsymbol{f}_i}{\partial y_\alpha} f_{j\alpha} \tag{1.7}$$

ここで，$\boldsymbol{y}=(y_1,\cdots,y_N)$，$\boldsymbol{f}_i=(f_{i1},\cdots,f_{iN})$ とした．これを**完全積分可能条件**という．逆に，この完全積分可能条件を満たす場合，(1.6)が解をもつことを証明する．このため，つぎのような助変数 $\boldsymbol{q}$ をもつ常微分方程式の解 $\boldsymbol{x}(t,\boldsymbol{q})$ を考える．

$$\frac{d\boldsymbol{x}}{dt} = \sum_{i=1}^{n} \boldsymbol{f}_i(\boldsymbol{a}+t(\boldsymbol{q}-\boldsymbol{a}),\boldsymbol{x})(q_i-a_i) \quad (\boldsymbol{x}(0,\boldsymbol{q})=\boldsymbol{b}) \tag{1.8}$$

$\boldsymbol{q}$ が $\boldsymbol{a}$ に十分近ければ，解 $\boldsymbol{x}(t,\boldsymbol{q})$ は区間 $[0,1]$ で存在する（本講座「物の理・数の理 1」例題 3.5 の解参照）．この両辺を q_j で偏微分することにより

$$\frac{d}{dt}\frac{\partial \boldsymbol{x}}{\partial q_j} = t\sum_i \frac{\partial \boldsymbol{f}_i}{\partial q_j}\cdot(q_i-a_i) + \sum_i\sum_\alpha \frac{\partial \boldsymbol{f}_i}{\partial y_\alpha}\frac{\partial x_\alpha}{\partial q_j}\cdot(q_i-a_i) + \boldsymbol{f}_j$$

を得るが，他方，完全積分可能条件(1.7)を適用することにより

$$\frac{d}{dt}\Big(t\boldsymbol{f}_j(\boldsymbol{a}+t(\boldsymbol{q}-\boldsymbol{a}))\Big) = \boldsymbol{f}_j + t\sum_i \frac{\partial \boldsymbol{f}_j}{\partial q_i}\cdot(q_i-a_i) + t\sum_\alpha \frac{\partial \boldsymbol{f}_j}{\partial y_\alpha}\frac{dx_\alpha}{dt}$$

$$= \boldsymbol{f}_j + t\sum_i \Big(\frac{\partial \boldsymbol{f}_i}{\partial q_j} + \sum_{\alpha=1}^{N} \frac{\partial \boldsymbol{f}_i}{\partial y_\alpha}f_{j\alpha} - \sum_{\alpha=1}^{N} \frac{\partial \boldsymbol{f}_j}{\partial y_\alpha}f_{i\alpha}\Big)\cdot(q_i-a_i)$$

$$+ t\sum_i\sum_\alpha \frac{\partial \boldsymbol{f}_j}{\partial y_\alpha}f_{i\alpha}\cdot(q_i-a_i)$$

$$= \boldsymbol{f}_j + t\sum_i \frac{\partial \boldsymbol{f}_i}{\partial q_j}\cdot(q_i-a_i) + t\sum_i\sum_{\alpha=1}^{N} \frac{\partial \boldsymbol{f}_i}{\partial y_\alpha}f_{j\alpha}\cdot(q_i-a_i)$$

$$\Longrightarrow \frac{d}{dt}\Big(\frac{\partial \boldsymbol{x}}{\partial q_j} - t\boldsymbol{f}_j\Big) = \sum_i\sum_{\alpha=1}^{N} \frac{\partial \boldsymbol{f}_i}{\partial y_\alpha}\Big(\frac{\partial x_\alpha}{\partial q_j} - tf_{j\alpha}\Big)\cdot(q_i-a_i)$$

これは，$u_j(t)=\dfrac{\partial \boldsymbol{x}}{\partial q_j}-t\boldsymbol{f}_j$ に関する線形な微分方程式であり，$u_j(0)=\boldsymbol{0}$ であるから，初期条件に関する一意性を使って，$u_j\equiv\boldsymbol{0}$，すなわち，$\dfrac{\partial \boldsymbol{x}}{\partial q_j}=t\boldsymbol{f}_j$ となる．よって，$\boldsymbol{y}(\boldsymbol{q})=\boldsymbol{x}(1,\boldsymbol{q})$ と置けば，$\boldsymbol{y}$ は(1.6)の解であり，さらに方程式(1.8)において $\boldsymbol{q}=\boldsymbol{a}$ とすると，$\boldsymbol{x}(t,\boldsymbol{a})$ は $\dfrac{d}{dt}\boldsymbol{x}(t,\boldsymbol{a})=\boldsymbol{0}$ を満たすから，$\boldsymbol{y}(\boldsymbol{a})=\boldsymbol{x}(1,\boldsymbol{a})=\boldsymbol{x}(0,\boldsymbol{a})=\boldsymbol{b}$ を得る．よって，$\boldsymbol{y}$ が求める解となる．

とくに，**線形な全微分方程式**，すなわち，

$$f_{i\alpha}(\boldsymbol{q},\boldsymbol{y})=\sum_{\beta}f_{i\alpha\beta}(\boldsymbol{q})y_\beta$$

と表わされるとき，完全積分可能条件はつぎのようになることが容易に確かめられる．

$$\frac{\partial f_{j\alpha\beta}}{\partial q_i}+\sum_{\gamma}f_{j\alpha\gamma}f_{i\gamma\beta}=\frac{\partial f_{i\alpha\beta}}{\partial q_j}+\sum_{\gamma}f_{i\alpha\gamma}f_{j\gamma\beta} \tag{1.9}$$

さて，元の問題に戻って，局所座標系 $(q_1,\cdots,q_n)$ に関して $R^i{}_{jkl}\equiv 0$ と仮定する．この仮定を，演習問題1.3(2)によって書きかえれば

$$\frac{\partial}{\partial q_j}\varGamma_i{}^l{}_k+\sum_{h=1}^{n}\varGamma_i{}^h{}_k\varGamma_j{}^l{}_h=\frac{\partial}{\partial q_i}\varGamma_j{}^l{}_k+\sum_{h=1}^{n}\varGamma_j{}^h{}_k\varGamma_i{}^l{}_h$$

となる．これは，$f_{i\alpha\beta}=\varGamma_i{}^\beta{}_\alpha$ としたときに，完全積分可能条件(1.9)が満たされていることを意味する．よって，全微分方程式

$$\frac{\partial y_j}{\partial q_i}=\sum_{k}\varGamma_i{}^k{}_j y_k \tag{1.10}$$

が解を有する．そこで，$\alpha=1,\cdots,n$ に対して，この方程式の解 $y_1,\cdots,y_n$ で，$y_k(\boldsymbol{a})=\delta_{k\alpha}$ ($k=1,\cdots,n$) を満たすものを $y_{1\alpha},\cdots,y_{n\alpha}$ とする．そして，新たに未知関数 $\bar{q}_1,\cdots,\bar{q}_n$ に関する全微分方程式 $\dfrac{\partial \bar{q}_\alpha}{\partial q_i}=y_{i\alpha}$ を考える．これに対する完全積分可能条件は $\dfrac{\partial y_{i\alpha}}{\partial q_k}=\dfrac{\partial y_{k\alpha}}{\partial q_i}$ であるが，(1.10)において $\varGamma_i{}^j{}_k=\varGamma_k{}^j{}_i$ に注意すれば，この条件は明らかに満たしている．よって，

$$\frac{\partial^2 \overline{q}_\alpha}{\partial q_i \partial q_j} = \sum_k \Gamma_i{}^k{}_j \frac{\partial \overline{q}_\alpha}{\partial q_k} \qquad (1.11)$$

の解 $\overline{q}_1, \cdots, \overline{q}_n$ が存在することが示された.$\frac{\partial \overline{q}_\alpha}{\partial q_i}(\boldsymbol{a})=\delta_{i\alpha}$ であるから,陰関数定理を使えば,$(\overline{q}_1,\cdots,\overline{q}_n)$ は局所座標系を与えることがわかり,さらに演習問題 1.2 において,$(q_1,\cdots,q_n)$ と $(\overline{q}_1,\cdots,\overline{q}_n)$ の役割を交換すれば,(1.11)とくらべることにより,$\overline{\Gamma}_\alpha{}^\gamma{}_\beta \equiv 0$ となることが結論される.他方,例題 1.8(の解)により

$$\frac{\partial \overline{g}_{\alpha\beta}}{\partial \overline{q}_\gamma} = \sum_\delta g_{\delta\beta} \Gamma_\alpha{}^\delta{}_\gamma + \sum_\delta g_{\delta\alpha} \Gamma_\beta{}^\delta{}_\gamma = 0$$

であるから,$\overline{g}_{\alpha\beta}$ は定数である.後は適当に $\overline{q}_\alpha$ に線形変換を行えば,$\overline{g}_{\alpha\beta}=\delta_{\alpha\beta}$ とすることができる.

注意 これまで,各接空間に内積の与えられたリーマン多様体を扱ってきたが,内積の代わりに**不定値計量**を考えてもまったく同様に論じることができる.

一般に,有限次元線形空間 L において,写像 $g: L \times L \longrightarrow \mathbb{R}$ が各変数に関して線形であり,$g(\boldsymbol{u},\boldsymbol{v})=g(\boldsymbol{v},\boldsymbol{u})$ $(\boldsymbol{u},\boldsymbol{v} \in L)$ を満たし,さらに

すべての $\boldsymbol{u}$ について $g(\boldsymbol{u},\boldsymbol{v}) = 0 \implies \boldsymbol{v} = \boldsymbol{0}$

が成り立つとき,g を(非退化)**不定値計量**という.不定値計量 g に対して,L の基底 $\boldsymbol{e}_1, \cdots, \boldsymbol{e}_n$ で,$\boldsymbol{u}=a_1\boldsymbol{e}_1+\cdots+a_n\boldsymbol{e}_n$ に対して

$$g(\boldsymbol{u},\boldsymbol{u}) = a_1{}^2 + \cdots + a_p{}^2 - a_{p+1}{}^2 - \cdots - a_{p+q}{}^2 \quad (p+q=n)$$

と表わされるものが存在する.非負整数の組 (p,q) は g のみによって決まり,g の**符合**とよぶ.

多様体 M の各接空間に,一定の符合をもつ不定値計量 g が与えられ,それが局所座標に関して滑らかであるとき,g を**一般ローレンツ計量**(**擬リーマン計量**)といい,(M,g) を**一般ローレンツ多様体**(**擬リーマン多様体**)という.一般ローレンツ多様体においてもレビ–チビタ接続,測地線,曲率テンソルの概念がそのまま定義され,これまで述べてきたことはすべて成り

1.2 接続とリーマン多様体

立つ. とくに, 相対論で使われるのは, 4 次元多様体上の符号 $(3,1)$ の一般ローレンツ計量である(本講座「物の理・数の理3」参照).

リーマン多様体における勾配と発散をつぎのように定義する. M 上の滑らかな関数 f に対して, 対応 $X \in T_pM \mapsto Xf(p)$ は線形であるから, $Xf(p)=g(X,\boldsymbol{u})$ を満たす接ベクトル $\boldsymbol{u} \in T_pM$ がただ1つ存在する. 接ベクトル場 $\mathrm{grad}\, f$ を, $\boldsymbol{u}=(\mathrm{grad}\, f)(p)$ により定めて, f の**勾配**という.

> **演習問題 1.4** 局所座標に関して, 次式が成り立つことを示せ.
> $$\mathrm{grad}\, f = \sum_{i,j=1}^{n} g^{ij} \frac{\partial f}{\partial q_j}\Big(\frac{\partial}{\partial q_i}\Big)$$

発散を定義するために, (M,g) の**体積測度** $\mathrm{d}v$ を $\mathrm{d}v = \sqrt{g}\mathrm{d}q_1 \cdots \mathrm{d}q_n$ により定義する. ここで, $g=\det(g_{ij})$ とする($\mathrm{d}v$ は曲面の面積要素の一般化であることに注意せよ. 3.4節で, この局所的定義が「大域的」に意味があることをみる). $X \in \mathfrak{X}(M)$ に対して, **発散** $\mathrm{div}\, X$ は, コンパクトな台をもつ任意の関数 f に対して

$$\int_M g(X, \mathrm{grad}\, f)\, \mathrm{d}v = -\int_M (\mathrm{div}\, X)\, f\, \mathrm{d}v$$

が成り立つように特徴付けられる関数である. 部分積分を行うことにより, 次式が成り立つことが確かめられる(曲面の場合と比較せよ).

$$\mathrm{div}\, X = \frac{1}{\sqrt{g}} \sum_{i=1}^{n} \frac{\partial(\sqrt{g}\xi^i)}{\partial q_i} \qquad \left(X = \sum_{i=1}^{n} \xi^i \Big(\frac{\partial}{\partial q_i}\Big)\right)$$

リーマンの曲率テンソルとガウス曲率

リーマン多様体と曲率テンソルの概念は，リーマン(1826-1866)の就職講演「幾何学の基礎をなす仮説につて」(1854年)において導入されたものである．リーマンによる多様体の定義は，当時の数学の限界もあって曖昧ではあるが，その後の多様体の幾何学の発展を見越したものになっている．実際，リーマンの天才的着想は，50年後にリッチやレビ–チビタにより発展整理され，「絶対微分学」(一般的な座標系の変換の下で不変な形式を持つ微分学)という形で具現化された．3.1節で述べることになるテンソルの理論は，多様体上の幾何学的「量」として絶対微分学の中で導入されたものである．

アインシュタインが，一般相対論を建設するにあたって(1916年)，この絶対微分学の方法に大いに依拠している事実は，一見「精神世界に遊ぶ」数学が，実は物理的世界の理解と不可分一体の位置にいることを示しているといえよう(本講座「物の理・数の理3」参照)．量子力学は言うに及ばず，近年のゲージ理論の発展も，数学の独自の発展が予定調和の如く物理的概念に結びつく事例である．

上で与えた曲率テンソルが，ガウス曲率の一般化であり，リーマン多様体の「曲がり方」に関係することを述べておこう．$X, Y \in T_pM$ を線形独立な接ベクトルとし，それらにより張られる T_pM の2次元部分空間 H に対して

$$K(H) = \frac{g(R(X,Y)X, Y)}{g(X,X)g(Y,Y) - g(X,Y)^2}$$

と置いて，点 p における平面 H による**断面曲率**という．$K(H)$ は H のみにより，とくに M が曲面の場合には $K(T_pM)$ はガウス曲率 $K(p)$ に一致する．さらに，(q_1, q_2) を $\left(\frac{\partial}{\partial q_1}\right)_p, \left(\frac{\partial}{\partial q_2}\right)_p$ が T_pM の正規直交基底となるような局所座標系とすれば，$K(p) = R^2{}_{121}$ である[2]．曲面の曲がり方を表わす量としてガウスにより導入された曲率概念とその「内在性」(ガウスの驚異の定理)は，リーマンによる曲率テンソルの概念の発見により極めて自然なものになったのである．

2
拘束系

 通常の物体においては,物体内部の質点は「自由」に動き回るわけではなく,何らかの「拘束」を受けている.この「拘束」される理由を説明するには,物体の「原子レベル」まで遡らなければならないが,ここではそのことには立ち入らず,単に「拘束力」という言葉で表現することにする.

 本章では,リーマン多様体の概念を援用しながら拘束系の基本的事柄を論じた後,その代表的な例である剛体の自由運動を解説し,これがリー群上の左不変計量に関する測地線の特別な例であることをみる.

■2.1　拘束系の運動方程式

 慣性系を固定する.質点系 (V, m) の**基準となる位置** $\bm{x}_0(\cdot)$ をとり,$\int_V \|\bm{x}\|^2 \mathrm{d}m < \infty$ を満たすベクトル値関数 $\bm{x}: V \longrightarrow \mathbb{R}^3$ により,$\bm{z} = \bm{x}_0 + \bm{x}$ と表わされる位置 $\bm{z}(\cdot)$ を考える.内積

$$\langle \bm{x}, \bm{y} \rangle = \int_V \bm{x}(x) \cdot \bm{y}(x) \, \mathrm{d}m(x)$$

をもつヒルベルト空間を $\mathbf{H} = \left\{ \bm{x}(\cdot) ; \int_V \|\bm{x}\|^2 \mathrm{d}m < \infty \right\}$ と置き,

M を $\mathbf{H}$ の部分集合とする. 運動 $z(t,x)=\boldsymbol{x}_0(x)+\boldsymbol{x}(t,x)$ として, $\boldsymbol{x}(t,\cdot)$ が, M に含まれているようなもののみを考え, これを ($\boldsymbol{x}_0(\cdot)$ を基準にして) M に**拘束された運動**という. 以下, M としては, n 次元多様体を考える. ただし, M の位相は $\mathbf{H}$ の位相から導かれたものと一致すると仮定し (すなわち, $\mathbf{H}$ の開集合と M の共通部分として表わされる集合の全体が, M の開集合族と一致する), さらに, 任意の座標近傍 (U,φ) に対して, 包含写像 $i: M \subset \mathbf{H}$ と φ^{-1} の合成 $i \circ \varphi^{-1} : \varphi(U) \longrightarrow \mathbf{H}$ は滑らかとする. M の接空間 $T_x M$ は, $\mathbf{H}$ の有限次元部分空間と同一視される. N_x により, $T_x M$ の直交補空間 (M の法空間) を表わし, $P_x : \mathbf{H} \longrightarrow T_x M$ を直交射影作用素とする. $\mathbf{H}$ の内積 $\langle \cdot, \cdot \rangle$ を各接空間 $T_x M$ に制限することにより, M 上のリーマン計量 g が得られる.

X, Y を, x の近傍で定義された M の接ベクトル場として, それらを $\mathbf{H}$ における x の近傍まで拡張したものを $\tilde{X}, \tilde{Y}$ とする. 方向微分 $D_{\tilde{X}} \tilde{Y}$ の直交射影 $P(D_{\tilde{X}} \tilde{Y})$ を $\nabla_X Y$ と置くと, これは拡張 $\tilde{X}, \tilde{Y}$ のとり方にはよらない. さらに, $[\tilde{X}, \tilde{Y}]$ を M に制限すると, それは M に接する.

例題 2.1 ∇ はリーマン多様体 (M,g) のレビ-チビタ接続と一致することを示せ.
【解】 $\nabla_X Y - \nabla_Y X = P(D_{\tilde{X}} \tilde{Y} - D_{\tilde{Y}} \tilde{X}) = P([\tilde{X}, \tilde{Y}]) = [X, Y]$,
$X g(Y, Z) = \tilde{X} \langle \tilde{Y}, \tilde{Z} \rangle = \langle D_{\tilde{X}} \tilde{Y}, \tilde{Z} \rangle + \langle \tilde{Y}, D_{\tilde{X}} \tilde{Z} \rangle = g(\nabla_X Y, Z) + g(Y, \nabla_X Z)$
□

$Q(X, Y) = D_{\tilde{X}} \tilde{Y} - \nabla_X Y$ と置くと, $Q(X, Y)$ は x において $N_x M$ に属し, しかも $X_x, Y_x \in T_x M$ のみによってきまる. よって, それぞれの変数について線形な写像 $Q: T_x M \times T_x M \longrightarrow N_x$ を得る. Q は, 部分多様体 M の**第 2 基本形式**とよばれる.

演習問題 2.1 質量 1 の 1 質点が $\mathbb{R}^3$ の中の曲面 M に拘束された場合は, $\boldsymbol{S}$ を局所係数表示とするとき,

$$Q\left(\left(\frac{\partial}{\partial u}\right),\left(\frac{\partial}{\partial u}\right)\right) = L\boldsymbol{n}, \quad Q\left(\left(\frac{\partial}{\partial u}\right),\left(\frac{\partial}{\partial v}\right)\right) = M\boldsymbol{n},$$

$$Q\left(\left(\frac{\partial}{\partial v}\right),\left(\frac{\partial}{\partial v}\right)\right) = N\boldsymbol{n}$$

が成り立つ. ここで, $\boldsymbol{n} = \frac{\boldsymbol{S}_u \times \boldsymbol{S}_v}{\|\boldsymbol{S}_u \times \boldsymbol{S}_v\|}$ は単位法ベクトルであり, $L = \boldsymbol{S}_{uu} \cdot \boldsymbol{n}$, $M = \boldsymbol{S}_{uv} \cdot \boldsymbol{n}$, $N = \boldsymbol{S}_{vv} \cdot \boldsymbol{n}$ は第 2 基本形式の係数である(本講座「物の理・数の理 1」の囲み「ガウスはなんでも知っていた!?」p.60 参照).

M に拘束された運動 $\boldsymbol{z}(t,x) = \boldsymbol{x}_0(x) + \boldsymbol{x}(t,x)$ に対して, $d\boldsymbol{F} = Q(\dot{\boldsymbol{x}}, \dot{\boldsymbol{x}})dm$ を**拘束力**という. この拘束力の下での運動方程式 $\ddot{\boldsymbol{x}}dm = d\boldsymbol{F}$ は, M 上の測地線の方程式 $\nabla_{\dot{\boldsymbol{x}}}\dot{\boldsymbol{x}} = 0$ と同値である. 拘束力のみで, 他の力が作用しない運動を, **拘束力の下での自由運動**という. 運動エネルギー E は $\frac{1}{2}g(\dot{\boldsymbol{x}}, \dot{\boldsymbol{x}})$ に等しいから, 例題 1.9 により, 部分多様体 M に拘束された自由運動に対して, その運動エネルギー $E(t)$ は t によらず一定である(**拘束力の下での運動エネルギー保存則**). 拘束力の他に, 別の力 $\boldsymbol{F}$ が作用し, $d\boldsymbol{F}/dm \in \mathbf{H}$ であるとき, $d\boldsymbol{F}/dm$ の M の接方向への直交射影を $\boldsymbol{F}_M$ とすれば, 運動方程式は $\nabla_{\dot{\boldsymbol{x}}}\dot{\boldsymbol{x}} = \boldsymbol{F}_M$ と同値である. こうして, 質点系の拘束運動は, あたかも質量 1 の質点が高次元空間を運動する形式として表現される. 質量(測度)はリーマン計量に組み入れられていることに注意しよう.

とくに, 静電場 $\boldsymbol{E}$ と静磁場 $\boldsymbol{B}$ が与えられたときの, 電荷系 (V, e) の拘束運動を考えよう. ϕ を $\boldsymbol{E}$ の静電ポテンシャル, すなわち, $\boldsymbol{E} = -\mathrm{grad}\,\phi$ を満たす関数とする. m を V の質量測度とするとき, ポテンシャル・エネルギー U を

$$U(\boldsymbol{x}(\cdot)) = \int_V \phi(\boldsymbol{x}(x))\,\mathrm{d}e(x)$$
$$= \int_V \phi(\boldsymbol{x}(x)) f_V(x)\,\mathrm{d}m(x) \quad \left(f_V = \frac{\mathrm{d}e}{\mathrm{d}m}\right)$$

により定義する. $\dfrac{\delta U}{\delta \boldsymbol{x}(\cdot)}(x) = (\mathrm{grad}\ \phi)(\boldsymbol{x}(x))\mathrm{d}e(x)$ となることを確かめることは容易である. u を U の M への制限とすると, 任意の $\boldsymbol{v} \in T_{\boldsymbol{x}}M$ に対して,

$$g(\mathrm{grad}\ u, \boldsymbol{v}) = D_{\boldsymbol{v}}U = \int_V \mathrm{grad}\ \phi \cdot \boldsymbol{v}\,\mathrm{d}e = g(f_V\,\mathrm{grad}\ \phi, \boldsymbol{v})$$

であるから, $P(f_V\mathrm{grad}\ \phi) = \mathrm{grad}\ u$ を得る.

磁場 $\boldsymbol{B}$ は, 力 $\mathrm{d}\boldsymbol{F} = \dot{\boldsymbol{x}} \times \boldsymbol{B}\,\mathrm{d}q$ を引き起こすから, M に拘束されている質点系には, $P\left(\dfrac{\mathrm{d}q}{\mathrm{d}m}\dot{\boldsymbol{x}} \times \boldsymbol{B}\right)$ の力が働く. そこで, $W: T_{\boldsymbol{x}}M \longrightarrow T_{\boldsymbol{x}}M$ を $W(\boldsymbol{v}) = P(f_V \boldsymbol{v} \times \boldsymbol{B})$ により定義すれば, 電場と磁場が与えられたときの拘束運動の方程式は, 次式により与えられる.

$$\nabla_{\dot{\boldsymbol{x}}}\dot{\boldsymbol{x}} = -\mathrm{grad}\ u + W(\dot{\boldsymbol{x}}) \tag{2.1}$$

例1（磁気単極子と球面上の一様な磁場） 原点に位置し, つぎのような磁場を与える粒子を（もし存在すれば）**磁気単極子**という（囲み「磁気単極子」p.29 参照）.

$$\boldsymbol{B} = b\|\boldsymbol{x}\|^{-3}\boldsymbol{x}, \quad \boldsymbol{x} = (x_1, x_2, x_3)$$

この磁場の下で, 荷電粒子の軌道はつぎの微分方程式を満たす.

$$\ddot{\boldsymbol{x}} = b\|\boldsymbol{x}\|^{-3}\dot{\boldsymbol{x}} \times \boldsymbol{x} \tag{2.2}$$

（ただし, 電荷や質量は 1 とする）. $\boldsymbol{x} = r\boldsymbol{n}$ ($\|\boldsymbol{n}\|=1$) とおいて, 微分方程式(2.2)を解く. $c = \|\dot{\boldsymbol{x}}(0)\|$, $c_1 = \boldsymbol{x}(0) \cdot \dot{\boldsymbol{x}}(0)$, $c_2 = \|\boldsymbol{x}(0)\|$ と置こう. 動径方向 r については, $\boldsymbol{x} \cdot \dot{\boldsymbol{v}} \equiv 0$, $\|\boldsymbol{v}\| \equiv c$ であるから

$$\frac{\mathrm{d}^2}{\mathrm{d}t^2}r^2 = 2(\boldsymbol{v}\cdot\boldsymbol{v}+\boldsymbol{x}\cdot\dot{\boldsymbol{v}}) = 2c^2$$

となり，$r(t)^2 = c^2 t^2 + 2c_1 t + c_2^2$ を得る．ここで判別式 D を考えると

$$\mathrm{D} = c^2 c_2^2 - c_1^2 = \|\boldsymbol{v}(0)\|^2 \|\boldsymbol{x}(0)\|^2 - (\boldsymbol{x}(0)\cdot\boldsymbol{v}(0))^2 \geq 0$$

であり，$c^2 t^2 + 2c_1 t + c_2^2$ は非負であることに注意する．D=0 となるのは $\boldsymbol{v}(0)$ が $\boldsymbol{x}(0)$ に平行な場合である．

つぎに球面部分 $\boldsymbol{n}$ について解く．(2.2)を書き直せば

$$r\ddot{\boldsymbol{n}} + 2\dot{r}\dot{\boldsymbol{n}} + \ddot{r}\boldsymbol{n} = br^{-1}\dot{\boldsymbol{n}}\times\boldsymbol{n} \tag{2.3}$$

$\boldsymbol{n}\cdot\dot{\boldsymbol{n}}=0$ だから，$c^2 = \|\boldsymbol{v}\|^2 = \dot{r}^2 + r^2\|\dot{\boldsymbol{n}}\|^2$ となる．$r(t)^2 = c^2 t^2 + 2c_1 t + c_2^2$ を r および $\dot{r}$ に代入すれば，$\|\dot{\boldsymbol{n}}\| = r^{-2}\mathrm{D}^{\frac{1}{2}}$ を得る．とくに，D=0 の場合は $\boldsymbol{n}=$ 定数ベクトル であり，軌道は直線 $\mathbb{R}\boldsymbol{x}(0)$ 上にあることがわかる．他方，D>0 であるときは，変数変換 $t=t(u)$ で，$\dfrac{\mathrm{d}t}{\mathrm{d}u}=r(t)^2$ となるもの，すなわち

$$t = c^{-2}\mathrm{D}^{\frac{1}{2}}\tan \mathrm{D}^{\frac{1}{2}}u - c_1 c^{-2} \quad \left(-\frac{1}{2}\mathrm{D}^{-\frac{1}{2}}\pi < u < \frac{1}{2}\mathrm{D}^{-\frac{1}{2}}\pi\right)$$

を考える．$\omega(u) = \boldsymbol{n}(t(u))$ と置くことにより，

$$\frac{\mathrm{d}\omega}{\mathrm{d}u} = \frac{\mathrm{d}t}{\mathrm{d}u}\frac{\mathrm{d}\boldsymbol{n}}{\mathrm{d}t} = r^2\dot{\boldsymbol{n}}, \quad \frac{\mathrm{d}^2\omega}{\mathrm{d}u^2} = r^3(r\ddot{\boldsymbol{n}} + 2\dot{r}\dot{\boldsymbol{n}})$$

$$\implies \frac{\mathrm{d}^2\omega}{\mathrm{d}u^2} = r^3(r^{-1}b\dot{\boldsymbol{n}} - \ddot{r}\boldsymbol{n}) = b\frac{\mathrm{d}\omega}{\mathrm{d}u}\times\boldsymbol{n} - r^3\ddot{r}\boldsymbol{n} \tag{2.4}$$

ここで，$\dfrac{\mathrm{d}^2\omega}{\mathrm{d}u^2}$ の単位球面 S^2 への接成分が，共変微分 $\dfrac{D}{\mathrm{d}u}\dfrac{\mathrm{d}\omega}{\mathrm{d}u}$ に等しいことに注意する．よって，$\omega(u)$ は S^2 上の曲線として

$$\frac{D}{\mathrm{d}u}\frac{\mathrm{d}\omega}{\mathrm{d}u} = b\frac{\mathrm{d}\omega}{\mathrm{d}u}\times\omega \tag{2.5}$$

を満たす．これは，磁場 $\boldsymbol{B}$ の下で球面に拘束された荷電粒子の運動方程式である．

(2.5)を解くために，$\ddot{\omega}$ の法成分は $(\omega\cdot\ddot{\omega})\omega$ により与えられることに注意して

$$\frac{D}{\mathrm{d}u}\dot{\omega} = \ddot{\omega} - (\omega\cdot\ddot{\omega})\omega$$

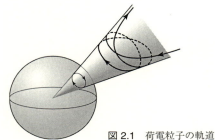

図 2.1 荷電粒子の軌道

を得る．$\omega\cdot\dot{\omega}=0$ だから，$\omega\cdot\ddot{\omega}=-\|\dot{\omega}\|^2\equiv-D$ である．よって (2.5) は $\ddot{\omega}=b\dot{\omega}\times\omega-D\omega$ と書き直される．ユークリッド平面に垂直な一様磁場の場合を参考にすれば（本講座「物の理・数の理 1」例題 5.19），この解は $\omega(u)=\gamma\cos(\alpha u)e_1+\gamma\sin(\alpha u)e_2+\delta e_3$ の形のものであることが期待される（ただし，(e_1,e_2,e_3) は $\mathbb{R}^3$ の標準基底）．実際，これを (2.5) に代入して定数を求めれば

$$\alpha=(b^2+D)^{\frac{1}{2}},\quad \gamma=D^{\frac{1}{2}}(b^2+D)^{-\frac{1}{2}},\quad \delta=-b(b^2+D)^{-\frac{1}{2}}$$

とすることにより解となることがわかる．B が回転で不変であることに注意すれば，(2.5) のすべての解は，いま与えた解を回転することによって得られることがわかる．とくに，解は球面 S^2 の小円であり，周期は $2\pi(b^2+D)^{-\frac{1}{2}}$ に等しい（図 2.1 参照）．

例 2（振り子）十分に細くて質量を無視できるような伸縮しない棒の一端を固定し，他端に質点をつけて，一様な重力場の下で運動させる．これは，固定点 O を中心とする棒の長さ l を半径とする球面に拘束された質点の運動と考えることができる．中心を通る鉛直面内に質点を振らせる場合が，古典的な振り子である．質点の位置 P に対して，$\boldsymbol{x}=\overrightarrow{OP}$ と置くと，$\|\boldsymbol{x}\|^2=l^2$ であるから，両辺を 2 回微分して，$\dot{\boldsymbol{x}}\cdot\boldsymbol{x}=0$，$\ddot{\boldsymbol{x}}\cdot\boldsymbol{x}+\dot{\boldsymbol{x}}\cdot\dot{\boldsymbol{x}}=0$ を得る．加速度ベクトル $\ddot{\boldsymbol{x}}$ を球面の接方向と法方向に分解して $\ddot{\boldsymbol{x}}=a\boldsymbol{x}+\boldsymbol{y}$，$(\boldsymbol{x}\cdot\boldsymbol{y}=0)$ と表わせば，$\|\dot{\boldsymbol{x}}\|^2=-\boldsymbol{x}\cdot\ddot{\boldsymbol{x}}=-a\|\boldsymbol{x}\|^2=al^2$ となるから，$a=-l^{-2}\|\dot{\boldsymbol{x}}\|^2$，よって $\boldsymbol{y}=\ddot{\boldsymbol{x}}+l^{-2}\|\dot{\boldsymbol{x}}\|^2\boldsymbol{x}$ を得る．一方，$\boldsymbol{e}=(0,0,1)$ とするとき，質点には $\boldsymbol{F}=-mg\boldsymbol{e}$ の力が働く（地球の半径を R，質量を m_0 とするとき，$g=m_0GR^{-2}$ である）．$\boldsymbol{F}$ も接方向と法方向に分けて $\boldsymbol{F}=b\boldsymbol{x}+\boldsymbol{z}$，$(\boldsymbol{x}\cdot\boldsymbol{z}=0)$ と表わせば，$b=-l^{-2}mg\boldsymbol{e}\cdot\boldsymbol{x}$ となるから，$\boldsymbol{z}=-mg\boldsymbol{e}+l^{-2}mg(\boldsymbol{e}\cdot\boldsymbol{x})\boldsymbol{x}$ を得る．よって，

磁気単極子

電荷系の最も基本的物体は電子であることが知られている．電子は負の電荷 $-e$ をもち，それを原点に位置する点電荷と考えたとき，そのまわりに電場

$$\boldsymbol{E}(\boldsymbol{x}) = -\frac{e}{4\pi\epsilon_0}\frac{\boldsymbol{x}}{\|\boldsymbol{x}\|^3}$$

を引き起こす．他方，磁場に対しては，それを引き起こすのは電子の流れである電流であって，電子のような基本的物体が対応しているわけではない．しかし，上で述べたような磁気単極子が存在すれば，電場と磁場の関係が「対称」になって数学的には美しい．そう考えたのは，英国の物理学者ディラックである(1932年)．さらにディラックは，磁気単極子が「量子化」されるための条件から，ある基本電荷が存在して，任意の電荷の値はその整数倍でなければならないことを示した．これは，任意の電荷の値が，電子の電荷の整数倍であるという事実を説明しているように思われる．しかし，磁気単極子の存在は現在のところ確かめられていない．

拘束系の運動方程式 $m\boldsymbol{y}=\boldsymbol{z}$ から

$$\ddot{\boldsymbol{x}} + l^{-2}\|\dot{\boldsymbol{x}}\|^2\boldsymbol{x} = -g\boldsymbol{e} + l^{-2}g(\boldsymbol{e}\cdot\boldsymbol{x})\boldsymbol{x} \tag{2.6}$$

が導かれる．この両辺に $\dot{\boldsymbol{x}}$ を内積させれば，

$$\frac{\mathrm{d}}{\mathrm{d}t}\left(\frac{1}{2}\|\dot{\boldsymbol{x}}\|^2\right) = \ddot{\boldsymbol{x}}\cdot\dot{\boldsymbol{x}} = -g\boldsymbol{e}\cdot\dot{\boldsymbol{x}} = \frac{\mathrm{d}}{\mathrm{d}t}(-g\boldsymbol{e}\cdot\boldsymbol{x})$$

となるから $E = \frac{1}{2}\|\dot{\boldsymbol{x}}\|^2 + g\boldsymbol{e}\cdot\boldsymbol{x}$ は定数である．一方，(2.6)に $\boldsymbol{x}$ をベクトル積させれば

$$\frac{\mathrm{d}}{\mathrm{d}t}(\boldsymbol{x}\times\dot{\boldsymbol{x}})\cdot\boldsymbol{e} = (\boldsymbol{x}\times\ddot{\boldsymbol{x}})\cdot\boldsymbol{e} = -g(\boldsymbol{x}\times\boldsymbol{e})\cdot\boldsymbol{e} = 0$$

であるから $h=(\boldsymbol{x}\times\dot{\boldsymbol{x}})\cdot\boldsymbol{e}$ は定数である．

ここで，円柱座標 $\boldsymbol{x}=(r\cos\theta, r\sin\theta, z)$ を考えよう．簡単な計算により

$$l^2 = r^2 + z^2, \quad E = \frac{1}{2}(\dot{r}^2 + r^2\dot{\theta}^2 + \dot{z}^2) + gz, \quad h = r^2\dot{\theta}$$

となる.第2式と第3式から$\dot{\theta}$を消去し,第1式から得られる$z\dot{z}+r\dot{r}=0$により,$r, \dot{r}$を消去すれば

$$\dot{z}^2 = 2l^{-2}(E-gz)(l^2-z^2)-h^2l^{-2} \qquad (2.7)$$

となる.未知関数の変換$z=2l^2g^{-1}w+\dfrac{1}{3}g^{-1}E$を行えば,微分方程式(2.7)は,$\dot{w}^2=4w^3-g_2w-g_3$の形の微分方程式に帰着するが,この方程式の解は,楕円関数の1つである**ワイエルシュトラスの $\mathcal{P}$ 関数**を用いて表わされる.ここで,$\mathcal{P}$ 関数は,方程式 $(\mathcal{P}'(u))^2=4\mathcal{P}(u)^3-g_2\mathcal{P}(u)-g_3$ の解であり,

$$\mathcal{P}^{-1}(v) = \int_{-\infty}^{v} \frac{\mathrm{d}v}{\sqrt{4v^3-g_2v-g_3}}$$

と表わされるものである.

■2.2 剛体の自由運動——オイラーのコマ

有限な全質量をもつ質点系 (V,m) が与えられ,直交座標系に関して $\boldsymbol{x}(t,x)=A(t)\boldsymbol{x}(x)+\boldsymbol{b}(t)$ $(A(t)\in SO(3), \boldsymbol{b}(t)\in\mathbb{R}^3)$ と表わされる運動 $\boldsymbol{x}(t,x)$ を**剛体運動**という.ここで,$A(0)=I_3$(単位行列),$\boldsymbol{b}(0)=\boldsymbol{0}$ とする.以下,初期位置にある質点系の慣性中心は原点としておく.さらに,初期位置 $\boldsymbol{x}(\cdot)$ について $\boldsymbol{x}(\cdot)\in L^2(V,\mathbb{R}^3)$ と仮定し,主慣性モーメントはすべて正とする(本講座「物の理・数の理1」2.2節参照).剛体運動は,拘束系の代表例である.実際,$M=\{A\boldsymbol{x}(\cdot)+\boldsymbol{b}; A\in SO(3), \boldsymbol{b}\in\mathbb{R}^3\}$ とすればよい.剛体に外力は作用しないときは,**自由な剛体運動**といわれる.歴史的には,オイラーがコマの運動として自由な剛体運動を扱ったので,自由な剛体運動を**オイラーのコマ**ともいう.

拘束力の下での自由運動の一般論から,自由な剛体運動に対して,その運動エネルギー

$$E(t) = \frac{1}{2}\int_V \|\dot{\boldsymbol{x}}(t,x)\|^2 \mathrm{d}m(x)$$

は一定である．以下の議論では本講座「物の理・数の理 1」例題 3.8 に述べた事柄が有用である．

例題 2.2 $A\in SO(3)$, $\boldsymbol{b}\in\mathbb{R}^3$ に対して，$\boldsymbol{y}(x)=A\boldsymbol{x}(x)+\boldsymbol{b}$ と置くとき，$\boldsymbol{y}\in M$ における接空間はつぎのように与えられることを示せ．

$$T_{\boldsymbol{y}}M = \{AB\boldsymbol{x}+\boldsymbol{c}\,;\, {}^{\mathrm{t}}B=-B,\ \boldsymbol{c}\in\mathbb{R}^3\}$$

【解】 $\boldsymbol{y}(t)(x)=A(t)\boldsymbol{x}(x)+\boldsymbol{b}(t)$, $A(0)=A$, $\boldsymbol{b}(0)=\boldsymbol{b}$ とするとき，

$$\frac{\mathrm{d}}{\mathrm{d}t}\Big|_{t=0}\boldsymbol{y}(t) = \dot{A}(0)\boldsymbol{x}+\dot{\boldsymbol{b}}(0) = A(A^{-1}(0)\dot{A}(0))\boldsymbol{x}+\dot{\boldsymbol{b}}(0) \qquad \square$$

例題 2.3 剛体の自由運動に対する運動量保存則と角運動量保存則を示せ．

【解】 $\boldsymbol{x}(t,x)$ は M に拘束された自由運動であるから，加速度ベクトル $\ddot{\boldsymbol{x}}(t,\cdot)$ は M に垂直であり，よって，すべての交代行列 B とベクトル $\boldsymbol{c}$ について，

$$\int_V (\ddot{A}(t)\boldsymbol{x}(x)+\ddot{\boldsymbol{b}}(t))\cdot(A(t)B\boldsymbol{x}(x)+\boldsymbol{c})\ \mathrm{d}m(x) = 0$$

である．左辺は $\int_V \boldsymbol{x}(x)\mathrm{d}m(x)=0$ に注意すれば

$$\int_V A(t)^{-1}\ddot{A}(t)\boldsymbol{x}(x)\cdot B\boldsymbol{x}(x)\ \mathrm{d}m(x) + \int_V \ddot{\boldsymbol{b}}(t)\cdot A(t)B\boldsymbol{x}(x)\ \mathrm{d}m(x)$$
$$+ \int_V \ddot{A}(t)\boldsymbol{x}(x)\cdot\boldsymbol{c}\ \mathrm{d}m(x) + \int_V \ddot{\boldsymbol{b}}(t)\cdot\boldsymbol{c}\ \mathrm{d}m(x)$$
$$= \int_V A(t)^{-1}\ddot{A}(t)\boldsymbol{x}(x)\cdot B\boldsymbol{x}(x)\ \mathrm{d}m(x) + m(V)\ddot{\boldsymbol{b}}(t)\cdot\boldsymbol{c}$$

である．これがすべての交代行列 B とベクトル $\boldsymbol{c}$ について $\boldsymbol{0}$ になるためには，$\ddot{\boldsymbol{b}}(t)\equiv\boldsymbol{0}$ および

$$\int_V A(t)^{-1}\ddot{A}(t)\boldsymbol{x}(x)\cdot B\boldsymbol{x}(x)\ \mathrm{d}m(x) \equiv 0$$
（任意の交代行列 B について） \hfill (2.8)

となることが，必要十分条件である．とくに $\dot{\boldsymbol{b}}(t)$ は一定であり，

$$\int_V \dot{\boldsymbol{x}}(x)\,\mathrm{d}m(x) = \int_V \dot{A}(t)\boldsymbol{x}(x)\,\mathrm{d}m(x) + m(V)\dot{\boldsymbol{b}} = m(V)\dot{\boldsymbol{b}}$$

であるから,運動量保存則が従う.一方,角運動量については,やはり初期位置 $\boldsymbol{x}(\cdot)$ の慣性中心が原点にあることを使えば

$$\boldsymbol{m}(t) = \int_V \boldsymbol{x}(t,x) \times \dot{\boldsymbol{x}}(t,x)\,\mathrm{d}m(x)$$
$$= \int_V A(t)\boldsymbol{x}(x) \times \dot{A}(t)\boldsymbol{x}(x)\,\mathrm{d}m(x) + m(V)\boldsymbol{b}(t) \times \dot{\boldsymbol{b}}(t),$$
$$\dot{\boldsymbol{m}}(t) = \int_V A(t)\boldsymbol{x}(x) \times \ddot{A}(t)\boldsymbol{x}(x)\,\mathrm{d}m(x)$$
$$= A(t) \int_V \boldsymbol{x}(x) \times A(t)^{-1}\ddot{A}(t)\boldsymbol{x}(x)\,\mathrm{d}m(x)$$

となる.最後の式の右辺は $\boldsymbol{0}$ に等しい.実際,任意のベクトル $\boldsymbol{u}$ に対して

$$\int_V \boldsymbol{u} \cdot (\boldsymbol{x}(x) \times A(t)^{-1}\ddot{A}(t)\boldsymbol{x}(x))\,\mathrm{d}m(x)$$
$$= \int_V A(t)^{-1}\ddot{A}(t)\boldsymbol{x}(x) \cdot (\boldsymbol{u} \times \boldsymbol{x}(x))\,\mathrm{d}m(x)$$

が成り立つが,$B(\boldsymbol{x}) = \boldsymbol{u} \times \boldsymbol{x}$ となる交代行列 B が存在するから(本講座「物の理・数の理1」例題1.4),(2.8)により,これは0である.よって,$\dot{\boldsymbol{m}}(t) \equiv \boldsymbol{0}$ となる. □

慣性中心は等速直線運動をすることから,慣性中心は原点に固定されていると仮定しても一般性を失わない($\boldsymbol{b}(t) \equiv \boldsymbol{0}$).したがって,$M$ は回転群 $SO(3)$ と同一視される.問題は $A(t)$ を求めることである.角運動量を $\boldsymbol{m}$ (定ベクトル)として,$\boldsymbol{M}(t) = A(t)^{-1}\boldsymbol{m}$ と置くと,

$$\boldsymbol{M}(t) = \int_V \boldsymbol{x}(x) \times A(t)^{-1}\dot{A}(t)\boldsymbol{x}(x)\,\mathrm{d}m(x)$$

である.ここで,ベクトル積は回転で保存されることに注意.交代行列 $B(t) = A(t)^{-1}\dot{A}(t)$ に対応するベクトルを $\boldsymbol{\Omega}(t)$ としよう($B(t)\boldsymbol{u} = \boldsymbol{\Omega}(t) \times \boldsymbol{u}$;本講座「物の理・数の理1」例題1.4参照).このとき

$$\boldsymbol{M}(t) = \int_V \boldsymbol{x}(x) \times (\boldsymbol{\Omega}(t) \times \boldsymbol{x}(x)) \, \mathrm{d}m(x) \qquad (2.9)$$

$$\implies \dot{\boldsymbol{M}}(t) = \frac{\mathrm{d}}{\mathrm{d}t}(A(t)^{-1}\boldsymbol{m}) = -A^{-1}(t)\dot{A}(t)A^{-1}(t)\boldsymbol{m}$$

$$= -A^{-1}(t)\dot{A}(t)\boldsymbol{M}(t) = -\boldsymbol{\Omega}(t) \times \boldsymbol{M}(t)$$

$$= \boldsymbol{M}(t) \times \boldsymbol{\Omega}(t)$$

こうして得られた方程式 $\dot{\boldsymbol{M}} = \boldsymbol{M} \times \boldsymbol{\Omega}$ を自由剛体運動の**オイラーの方程式**という．これは，(2.9) と合わせると，$\boldsymbol{\Omega}$ についての非線形微分方程式である．オイラーの方程式を解いて $\boldsymbol{\Omega}$ を求め，この $\boldsymbol{\Omega}$ に対応する交代行列を B として，$\dot{A} = AB$ $(A_0 = I)$ の解を A とすることにより剛体運動が求まる．

オイラーの方程式を楕円関数を用いて解こう．位置 $\boldsymbol{x}(\cdot)$ に関する慣性モーメント作用素 $\mathcal{I}: \mathbb{R}^3 \longrightarrow \mathbb{R}^3$ の定義を思いだす（本講座「物の理・数の理 1」2.2 節）：

$$\mathcal{I}(\boldsymbol{u}) = \int_V \boldsymbol{x}(x) \times (\boldsymbol{u} \times \boldsymbol{x}(x)) \, \mathrm{d}m(x)$$

I_1, I_2, I_3 を主慣性モーメント（$\mathcal{I}$ の固有値）とし，正規直交基をなす $\mathcal{I}$ の固有ベクトル $\boldsymbol{e}_1, \boldsymbol{e}_2, \boldsymbol{e}_3$ に関して

$$\boldsymbol{\Omega} = \omega_1 \boldsymbol{e}_1 + \omega_2 \boldsymbol{e}_2 + \omega_3 \boldsymbol{e}_3, \quad \boldsymbol{M} = M_1 \boldsymbol{e}_1 + M_2 \boldsymbol{e}_2 + M_3 \boldsymbol{e}_3$$

と置く．$\mathcal{I}(\boldsymbol{\Omega}) = \boldsymbol{M}$ であるから，$M_1 = I_1 \omega_1$, $M_2 = I_2 \omega_2$, $M_3 = I_3 \omega_3$ を得る．そして，オイラーの方程式はつぎのように表わされる．

$$I_1 \frac{\mathrm{d}\omega_1}{\mathrm{d}t} = (I_2 - I_3)\omega_2 \omega_3, \quad I_2 \frac{\mathrm{d}\omega_2}{\mathrm{d}t} = (I_3 - I_1)\omega_3 \omega_1,$$
$$I_3 \frac{\mathrm{d}\omega_3}{\mathrm{d}t} = (I_1 - I_2)\omega_1 \omega_2$$

（ⅰ）$I_1 = I_2 = I_3$ の場合．$\omega_1, \omega_2, \omega_3$ は定数である．

（ⅱ）$I_1 = I_2 \neq I_3$ の場合（**対称なコマ**）．ω_3 は定数であり，$c = \omega_3(I_3 - I_1)/I_1$ とおけば $\dot{\omega}_1 = -c\omega_2$, $\dot{\omega}_2 = c\omega_1$ となるから，解はつぎのようになる．

$$\omega_1 = A\cos ct - B\sin ct, \quad \omega_2 = B\cos ct + A\sin ct$$

(iii) $I_1 > I_2 > I_3$ の場合(非対称コマ). エネルギーについて

$$E = \frac{1}{2}\int_V \|\dot{\boldsymbol{x}}(t,x)\|^2 \mathrm{d}m(x) = \frac{1}{2}\int_V \|\dot{A}(t)\boldsymbol{x}(x)\|^2 \mathrm{d}m(x)$$
$$= \frac{1}{2}\int_V \|A(t)^{-1}\dot{A}(t)\boldsymbol{x}(x)\|^2 \mathrm{d}m(x) = \frac{1}{2}\int_V \|\boldsymbol{\Omega}(t)\times\boldsymbol{x}(x)\|^2 \mathrm{d}m(x)$$

が成り立つ. さらに

$$\|\boldsymbol{\Omega}(t)\times\boldsymbol{x}(x)\|^2 = \|\boldsymbol{x}(x)\|^2\|\boldsymbol{\Omega}(t)\|^2 - \langle\boldsymbol{x}(x),\boldsymbol{\Omega}(t)\rangle^2$$
$$= \langle\|\boldsymbol{x}(x)\|^2\boldsymbol{\Omega} - \langle\boldsymbol{x}(x),\boldsymbol{\Omega}\rangle,\boldsymbol{\Omega}\rangle$$
$$= \langle\boldsymbol{x}(x)\times(\boldsymbol{\Omega}\times\boldsymbol{x}(x)),\boldsymbol{\Omega}\rangle$$

であるから, エネルギーについて次式を得る.

$$E = \frac{1}{2}\langle \boldsymbol{M},\boldsymbol{\Omega}\rangle = \frac{1}{2}\langle S\boldsymbol{\Omega},\boldsymbol{\Omega}\rangle = \frac{1}{2}(I_1^2\omega_1^2 + I_2^2\omega_2^2 + I_3^2\omega_3^2)$$

他方, 角運動量保存則から $A\boldsymbol{M}=\boldsymbol{m}$ は定ベクトルであり, $\|\boldsymbol{M}\|^2 = \|\boldsymbol{m}\|^2$ は定数である. これを M^2 と置く. よって $I_1^2\omega_1^2 + I_2^2\omega_2^2 + I_3^2\omega_3^2 = \|\boldsymbol{M}\|^2 = M^2$. (M_1, M_2, M_3) 座標で考えれば,

$$M_1^2 + M_2^2 + M_3^2 = M^2 \quad \text{(半径 } M \text{ の球面)},$$

$$\frac{M_1^2}{I_1} + \frac{M_2^2}{I_2} + \frac{M_3^2}{I_3} = 2E \quad \text{(楕円体)}$$

を得る. 球面と楕円体が交わるための条件は, $2EI_1 \leq M^2 \leq 2EI_3$ である. これにより, $\boldsymbol{M}(t)$ の軌道が, 交わりとして得られる曲線上にあることがわかる.

$\boldsymbol{\Omega}$ を具体的に求めるには, ヤコビの楕円関数を使う. まず, ω_1 と ω_3 を ω_2 により表わすと,

$$\omega_1^2 = \frac{1}{I_1(I_3-I_1)}\{(2EI_3 - M^2) - I_2(I_3-I_2)\omega_2^2\},$$
$$\omega_3^2 = \frac{1}{I_3(I_3-I_1)}\{(M^2 - 2EI_1) - I_2(I_3-I_1)\omega_2^2\}$$

よって,

$$\frac{d\omega_2}{dt} = \frac{1}{I_2\sqrt{I_1I_3}}\left\{[(2EI_3-M^2)-I_2(I_3-I_2)\omega_2^2]\right.$$
$$\left.\times[(M^2-2EI_1)-I_2(I_2-I_1)\omega_2^2]\right\}^{\frac{1}{2}}$$

ここで,
$$\begin{cases} \tau = t\left\{\dfrac{(I_3-I_2)(M^2-2EI_1)}{I_1I_2I_3}\right\}^{\frac{1}{2}}, \quad s = \omega_2\left\{\dfrac{I_2(I_3-I_2)}{2EI_3-M^2}\right\}^{\frac{1}{2}} \\ k^2 = \dfrac{(I_2-I_1)(2eI_3-M^2)}{(I_3-I_2)(M^2-2EI_1)} \end{cases}$$

とおくと,
$$\frac{ds}{d\tau} = \sqrt{(1-s^2)(1-k^2s^2)}$$

を得る.$t=0$ ($\tau=0$) において,$\omega_2=0$ ($s=0$) とすると,
$$\tau = \int_0^s \frac{ds}{\sqrt{(1-s^2)(1-k^2s^2)}}$$

であり,その逆関数 $s=\mathrm{sn}\,\tau$ はヤコビの楕円関数である.$\mathrm{cn}\,\tau=\sqrt{1-\mathrm{sn}^2\tau}$, $\mathrm{dn}\,\tau=\sqrt{1-k^2\mathrm{sn}^2\tau}$ を利用すると,

$$\omega_1 = \sqrt{\frac{2EI_3-M^2}{I_1(I_3-I_1)}}\mathrm{cn}\,\tau, \quad \omega_2 = \sqrt{\frac{2EI_3-M^2}{I_2(I_3-I_2)}}\mathrm{sn}\,\tau,$$
$$\omega_3 = \sqrt{\frac{M^2-2EI_1}{I_3(I_3-I_1)}}\mathrm{dn}\,\tau$$

を得る.$\mathrm{sn}\,\tau$ たちは周期関数であり,その周期は,楕円積分
$$K = \int_0^1 \frac{ds}{\sqrt{(1-s^2)(1-k^2s^2)}} = \int_0^{\frac{\pi}{2}} \frac{du}{\sqrt{1-k^2\sin^2 u}}$$

により,$4K$ に等しい.$\boldsymbol{\Omega}$ の周期 T は
$$T = 4K\sqrt{\frac{I_1I_2I_3}{(I_3-I_2)(M^2-2EI_1)}}$$

により与えられる.

 実際上のコマの問題では,(重心とは限らない)固定点をもつ剛体の,一様な重力下で運動を扱う.このようなコマの運動で「解かれている」のは,重心と固定点が一致する場合(オイラー),対

称なコマ(ラグランジュ),コワレフスカヤのコマなどである[3].

振り子や剛体の自由運動などのように,ニュートンの運動方程式の解を求めるときに楕円関数がよく登場する.ここで,数学の歴史の中で重要な位置を占める楕円関数について簡単に解説しよう.

無理関数 $(1-x^2)^{-\frac{1}{2}}$ の不定積分 $\int \dfrac{dx}{\sqrt{1-x^2}}$ が積分定数を除いて逆正弦関数 $\sin^{-1}x$ に等しいことはよく知られた事実である.そこで,もっと一般の無理関数の不定積分を既知の関数で表わすことが可能かどうかが自然な問題となる.

たとえば,楕円の弧の長さを求めようとすると,

$$\int \sqrt{\frac{1-k^2x^2}{1-x^2}}\,dx$$

の形の関数が表われる.このような不定積分は**楕円積分**とよばれ,一般にはいわゆる初等関数(多項式,指数関数,三角関数,あるいはそれらの逆関数など)では表現できないものである.楕円積分については,古くは,ファニャノ,オイラーの研究があるが,ルジャンドルは,一般に $\varphi(x)$ が 3 次式ないしは 4 次式であるときの不定積分

$$\int R(x,\sqrt{\varphi(x)})\,dx$$

が,初等関数および次の 3 種の積分により表わされることを示した.

$$\int \frac{dx}{\sqrt{(1-x^2)(1-k^2x^2)}},\quad \int \sqrt{\frac{1-k^2x^2}{1-x^2}}\,dx,$$
$$\int \frac{dx}{(x^2-a^2)\sqrt{(1-x^2)(1-k^2x^2)}}$$

楕円積分のこのような分類は重要ではあるが,その性質にさらに踏み込むには,楕円積分の逆関数にこそ問題の本質があることを見抜いたガウスの登場を待たなければならなかった.ガウスによる楕円積分の研究は,レムニスケートとよばれる特殊な曲線の弧の長さを求めることから出発している(1797 年).ここで,レムニスケートとは,平面の極座標 (r,θ) を用いて,$r^2=2a^2\cos 2\theta$ により定義される曲線である(図 2.2 参照).x,y 座標では $(x^2+y^2)^2=\pm 2a^2(x^2-y^2)$ により与えられる.レムニスケートの弦 $OP\,(=r)$ に対する弧の長さ u は

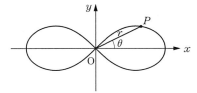

図 2.2 レムニスケート

$$u = \int_0^r \sqrt{\mathrm{d}r^2 + r^2 \mathrm{d}\theta^2} = \int_0^r \sqrt{1 + r^2 \left(\frac{\mathrm{d}\theta}{\mathrm{d}r}\right)^2} \mathrm{d}r = \int_0^r \frac{2a^2}{\sqrt{4a^4 - r^4}} \mathrm{d}r$$

により与えられる.とくに,$OA = 2a^2 = 1$ のときは,

$$u = \int_0^x \frac{\mathrm{d}x}{\sqrt{1-x^4}}$$

となる.この $u = u(x)$ の逆関数こそ,ガウスが最初に出会った楕円関数に他ならない.

ガウスは,まったく別の動機から始めた算術幾何平均の研究において,楕円関数に再会することになる(1799 年).$a > b > 0$ に対して数列 $\{a_n\}_{n=0}^{\infty}$,$\{b_n\}_{n=0}^{\infty}$ を次のように帰納的に定義する.

$$a_0 = a, \quad b_0 = b, \quad a_{n+1} = \frac{a_n + b_n}{2}, \quad b_{n+1} = \sqrt{a_n b_n}$$

容易に確かめられるように $0 < b_0 < b_1 < \cdots < b_n < \cdots < a_n < \cdots < a_1 < a_0$ であり,$\{a_n\}_{n=0}^{\infty}, \{b_n\}_{n=0}^{\infty}$ は共通の極限をもつ.この極限を $M(a,b)$ で表わし,a,b の**算術幾何平均**という.ガウスは等式 $M(a,b) = \frac{\pi}{2} I(a,b)^{-1}$ が成り立つことを証明した(1800 年 5 月).ここで,

$$I(a,b) = \int_0^{\frac{\pi}{2}} \frac{\mathrm{d}\varphi}{\sqrt{a^2 \cos^2 \varphi + b^2 \sin^2 \varphi}}$$

である.この等式は,一般楕円関数の発見にガウスを導いたのである(1800 年).

$$I(a,b) = \frac{1}{a} \int_0^1 \frac{\mathrm{d}x}{\sqrt{(1-x^2)(1-k^2 x^2)}} \quad \left(1 - k^2 = \frac{b^2}{a^2}\right)$$

であることに注意しよう.

ガウスは,彼の発見を日記や友人への手紙に書くに留め,その詳細を公にすることはなかった.その後,アーベルとヤコビにより,その多くの部

分が再発見され,さらに理論的発展が進められた.

さて,一般の楕円積分

$$z = z(x) = \int R(x,y)\,\mathrm{d}x \tag{2.10}$$

に戻ろう(ただし,$y^2 = \varphi(x)$ であり,$\varphi(x)=0$ は重根をもたないとする).$z=z(x)$ の逆関数 $x=x(z)$ を考えると,これは z の複素関数として拡張され,特異点(極)は離散的に分布し,すべての極で有限位数をもつという意味で有理型関数になる.正確に言えば,すべての点 $z_0 \in \mathbb{C}$ において,

$$x(z) = a_{-n}(z-z_0)^{-n} + \cdots + a_0 + a_1(z-z_0) + \cdots$$

と展開される.さらに重要な事実は,$\mathbb{R}$ 上線形独立な $\omega_1, \omega_2 \in \mathbb{C}$ が存在して,格子群 $\Omega = \{m\omega_1 + n\omega_2;\ m, n \in \mathbb{Z}\}$ に関して,$x(z)$ は周期的になるのである:

$$x(z+\sigma) = x(z) \quad (\sigma \in \Omega)$$

このような事実から,格子群 Ω に関する楕円関数を,Ω に関して周期的な有理型関数として定義する.そして,そのような有理型関数全体は自然な加減乗除により体をなすので,この体を Ω に関する**楕円関数体**ということにする.楕円関数体の構造は,つぎのようにして定義される特別な楕円関数により完全に決定される.

$$\mathcal{P}(z) = \frac{1}{z^2} + \sum_{\omega \in \Omega \setminus \{0\}} \left\{ \frac{1}{(z-\omega)^2} - \frac{1}{\omega^2} \right\}$$

ここで右辺は $\mathbb{C}$ の任意の有界集合上,有限個の項を除いて一様かつ絶対収束する.明らかに $\mathcal{P}(x)$ は Ω を周期群とする 2 重周期的有理型関数である.$\mathcal{P}(z)$ を**ワイエルシュトラスの $\mathcal{P}$-関数**という.$\mathcal{P}(z)$ はつぎの性質を満たす.

(i) $(\mathcal{P}'(z))^2 = 4\mathcal{P}(z)^3 - g_2 \mathcal{P}(z) - g_3$. ここで

$$g_2 = 60 \sum_{\omega \in \Omega - \{0\}} \omega^{-4}, \quad g_3 = 140 \sum_{\omega \in \Omega - \{0\}} \omega^{-6}$$

である.

(ii) Ω を周期群とする楕円関数 $f(z)$ に対して,有理関数 $R_1(t), R_2(t)$ が存在して,

$$f(z) = R_1(\mathcal{P}(z)) + \mathcal{P}'(z) R_2(\mathcal{P}(z))$$

となる.

 とくに, Ω を格子群とする楕円関数体は, $\mathcal{P}(z), \mathcal{P}'(z)$ で生成される. このことから, 楕円積分 (2.10) の逆関数は $\mathcal{P}(z), \mathcal{P}'(z)$ の有理関数として表わされることになる.

 楕円関数の話はこれで終わらない. 数学全体に影響を及ぼすことになる, さらなる発展が待ち構えているのである. それは, 高次の無理積分の研究においてリーマンが提出したアイディアを起源とする, 代数曲線とリーマン面および代数関数体の理論である. 楕円関数の場合は, 代数曲線は $\{(x,y); y^2 = 4x^3 - g_2 x - g_3\}$, リーマン面は「複素トーラス」$\mathbb{C}/\Omega$, そして代数関数体は楕円関数体である. じつは, これら3つの理論は互いに等価なのであるが, 代数曲線の理論は多項式の共通零点の理論である代数幾何学へ, リーマン面の理論はワイルによる整理を経て高次元多様体と複素多様体の理論へ, そして代数関数体の理論はその数論的類似とともに, 体と環の精緻な理論にそれぞれ結実することになるのである.

■2.3 リー群上の左不変計量に対する測地線の方程式

 前節で述べた剛体運動は, リー群上の**左不変計量**に対する測地線の方程式の特別な場合である. ここで**リー群**とは, 群と滑らかな多様体の複合概念である. すなわち, 多様体 G が群の構造をもち, その演算 $(g,h) \mapsto gh^{-1}$ が滑らかな写像であるとき, G をリー群という. $g \in G$ に対して, $L_g : G \longrightarrow G$ (**左移動**) および $R_g : G \longrightarrow G$ (**右移動**) を, それぞれ $L_g(h) = gh$, $R_g(h) = hg$ により定義すると, L_g, R_g は微分同相写像である.

 任意の $g, h \in G$ に対して, $(L_g)_* X(h) = X(gh)$ を満たすベクトル場 $X \in \mathfrak{X}(G)$ を**左不変ベクトル場**といい, 左不変ベクトル場の全体を $\mathfrak{g}$ により表わす. 課題 1.1 の結果を使えば, 左不変ベク

トル場は完備であることが容易に示される．G の単位元 1 における接空間 T_1G の元 ξ に対して $X(g)=(L_g)_*\xi\in T_gG$ と置くと，X は左不変ベクトル場である．逆に左不変ベクトル場はこのようにして得られる．すなわち，T_1G と $\mathfrak{g}$ を同一視できる．左不変ベクトル場 X,Y に対して，交換子積 $[X,Y]$ は再び左不変ベクトル場であるから，$T_1G=\mathfrak{g}$ はリー環の構造をもつ．これをリー群 G の**リー環**という．

例 3

(1) 一般線形群 $GL_n(\mathbb{R})$ のリー環は，交換子積に関する n 次の行列のなすリー環 $M_n(\mathbb{R})$ である．$M_n(\mathbb{R})$ をリー環とみなすときは，これを $\mathfrak{gl}_n(\mathbb{R})$ により表わす．

(2) 回転群 $SO(n)$ のリー環は，交換子積に関する n 次の交代行列のなすリー環である．

左不変ベクトル場は完備なベクトル場であるから，各 $X\in\mathfrak{g}$ に対して，それが生成する G の 1 径数変換群 Exp tX が考えられる(1.1 節)．$\exp X=(\text{Exp }X)(1)$ とおくと，写像 $\exp:\mathfrak{g}\longrightarrow G$ が得られる．これを**指数写像**という．X の左不変性から $g(\exp X)=(\text{Exp }X)(g)$ が導かれ，このことから，$\exp(s+t)X=(\exp sX)(\exp tX)$ が成り立つ．逆に $c:(-\infty,\infty)\longrightarrow G$ を滑らかな曲線とするとき，もし任意の $s,t\in\mathbb{R}$ に対して $c(s+t)=c(s)c(t)$ が成り立てば，$X=\dot{c}(0)$ と置くことにより，$c(t)=\exp tX$ となることがわかる．このことを使って，$g(\exp X)g^{-1}=\exp(\text{Ad}_g(X))$ が得られる．ここで $\text{Ad}_g;\mathfrak{g}\longrightarrow\mathfrak{g}$ は写像 $h\mapsto ghg^{-1}$ の $h=1$ における微分写像として定義される**随伴作用素**とよばれるものである．さらに，$X\in\mathfrak{g}$ に対して，$\text{ad}_X:\mathfrak{g}\longrightarrow\mathfrak{g}$ を $\text{ad}_XY=[X,Y]$ により定義するとき(これも随伴作用素とよばれる)，$\text{Ad}_{g_1g_2}=\text{Ad}_{g_1}\text{Ad}_{g_2}$ であることから，等式

$$\mathrm{Ad}_{\exp X} = \exp \mathrm{ad}_X \qquad (2.11)$$

を容易に示すことができる(右辺の exp は $\mathfrak{g}$ の線形変換に対する指数関数である).

例4 一般線形群 $GL_n(\mathbb{R})$ の指数写像 $\exp : \mathfrak{gl}_n(\mathbb{R}) \longrightarrow GL_n(\mathbb{R})$ は行列の指数関数により与えられる写像と一致する(本講座「物の理・数の理 1」例題 3.6).

T_1G の内積 $\langle \cdot, \cdot \rangle$ をとり,$\langle gX, gY \rangle_g = \langle X, Y \rangle$ $(X, Y \in T_1G)$ により T_gG の内積を定める.この定義により,$\langle \cdot, \cdot \rangle_g$ は G 上の左不変計量を定める.すなわち,G のそれ自身への左移動 L_g は等距離写像になる.この計量に関する測地線の方程式を求めよう.以下,$(L_g)_*X$ を gX により表わす.

左不変ベクトル場 X, Y に対し,$\nabla_X Y$ も左不変ベクトル場である.さらに,$\langle X, Y \rangle$ は定数であることから,例題 1.7 の解に与えた式(1.3)により左不変ベクトル場 X, Y, Z に対して,

$$2\langle \nabla_X Y, Z \rangle = \langle [X, Y], Z \rangle - \langle X, [Y, Z] \rangle - \langle Y, [X, Z] \rangle$$

が成り立つ.ここで,${}^t\mathrm{ad}_X : \mathfrak{g} \longrightarrow \mathfrak{g}$ を随伴作用素 $\mathrm{ad}_X : Z \mapsto [X, Z]$ の共役,すなわち $\langle {}^t\mathrm{ad}_X Y, Z \rangle = \langle Y, [X, Z] \rangle$ により特徴付けられる線形写像として定義すれば,次式を得る.

$$2 \nabla_X Y = [X, Y] - {}^t\mathrm{ad}_Y X - {}^t\mathrm{ad}_X Y$$

例題 2.4 $g(t)$ $(0 \leq t \leq T)$ を,$g(0)=1$ であるような曲線とする.$\Omega(t) = g(t)^{-1}\dot{g}(t) \in T_1G$ と置くとき,$g(t)$ が測地線であるための条件は,

$$\dot{\Omega}(t) = {}^t\mathrm{ad}_{\Omega(t)} \Omega(t)$$

であることを示せ.

【解】 $g(t)$ が測地線である条件は $\nabla_{\dot{g}(t)}\dot{g}(t)=\nabla_{g(t)\Omega(t)}g(t)\Omega(t)=0$ である. これは, 任意の $\xi\in T_1G$ に対して, $\langle\nabla_{g(t)\Omega(t)}g(t)\Omega(t),g(t)\xi\rangle=0$ となることと同値である. 左辺は,

$$\frac{\mathrm{d}}{\mathrm{d}t}\langle g(t)\Omega(t),g(t)\xi\rangle-\langle g(t)\Omega(t),\nabla_{\dot{g}(t)}g(t)\xi\rangle$$

に等しいことから, 条件は

$$\langle\dot{\Omega}(t),\xi\rangle=\langle g(t)\Omega(t),\nabla_{g(t)\Omega(t)}g(t)\xi\rangle \quad (\xi\in T_1G)$$

となる. $2\nabla_{g(t)\Omega(t)}g(t)\xi=g(t)\{[\Omega(t),\xi]-{}^{\mathrm{t}}\mathrm{ad}_{\Omega(t)}\xi-{}^{\mathrm{t}}\mathrm{ad}_\xi\Omega(t)\}$ であるから

$$\begin{aligned}
&2\langle g(t)\Omega(t),\nabla_{g(t)\Omega(t)}g(t)\xi\rangle\\
&=\langle\Omega(t),\{[\Omega(t),\xi]-{}^{\mathrm{t}}\mathrm{ad}_{\Omega(t)}\xi-{}^{\mathrm{t}}\mathrm{ad}_\xi\Omega(t)\}\rangle\\
&=2\langle\Omega(t),[\Omega(t),\xi]\rangle=2\langle{}^{\mathrm{t}}\mathrm{ad}_{\Omega(t)}\Omega(t),\xi\rangle
\end{aligned}$$

よって, 条件は $\langle\dot{\Omega}(t),\xi\rangle=\langle{}^{\mathrm{t}}\mathrm{ad}_{\Omega(t)}\Omega(t),\xi\rangle$ $(\xi\in T_1G)$ であり, これから主張が得られる. ▯

例題 2.5 G 上の左不変計量 $\langle\cdot,\cdot\rangle$ がさらに右移動に関して不変(すなわち**両側不変**)であるための必要十分条件は, すべての $g\in G$ に対して, Ad_g が $\mathfrak{g}$ の内積 $\langle\cdot,\cdot\rangle$ に関する直交変換となることである.

【解】 もし $\langle\cdot,\cdot\rangle$ が右不変であれば, 任意の $\xi,\eta\in T_1G$ に対して $\langle(R_g)_*\xi,(R_g)_*\eta\rangle=\langle\xi,\eta\rangle$ であるから, $(R_g)_*\xi=(L_g)_*\xi_1$, $(R_g)_*\eta=(L_g)_*\eta_1$ とすれば, $\xi=\mathrm{Ad}_g\xi_1$, $\eta=\mathrm{Ad}_g\eta_1$ となり,

$$\langle\xi_1,\eta_1\rangle=\langle(L_g)_*\xi_1,(L_g)_*\eta_1\rangle=\langle\mathrm{Ad}_g\xi_1,\mathrm{Ad}_g\eta_1\rangle$$

を得る. 逆も同様に証明される. ▯

あらかじめ与えられた左不変計量 $\langle\cdot,\cdot\rangle$ をもつ G が, さらに両側不変なリーマン計量をもつと仮定しよう. 言い換えれば, $\mathfrak{g}$ が $\mathrm{Ad}(G)$-不変な内積 $\langle\cdot,\cdot\rangle_0$ をもつとする. このとき, $\langle\cdot,\cdot\rangle_0$ に関して対称な線形作用素 $\mathcal{I}:\mathfrak{g}\longrightarrow\mathfrak{g}$ で, $\langle X,Y\rangle=\langle\mathcal{I}X,Y\rangle_0$ と

なるものが存在する．よって，ad_X が $\langle \cdot, \cdot \rangle_0$ に関して歪対称であることに注意すれば（(2.11)と本講座「物の理・数の理 1」例題 3.11 の(4)を使う），

$$\langle {}^t\mathrm{ad}_X Y, Z \rangle = \langle Y, [X, Z] \rangle = \langle \mathcal{I} Y, [X, Z] \rangle_0$$
$$= \langle [\mathcal{I} Y, X], Z \rangle_0 = \langle \mathcal{I}^{-1} [\mathcal{I} Y, X], Z \rangle$$

$\mathcal{I} \Omega = M$ と置くと，$\dot{\Omega}(t) = {}^t\mathrm{ad}_{\Omega(t)} \Omega(t) \iff \dot{M} = [M, \Omega]$．すなわち，$g(t)$ が測地線であるための条件は，M がつぎの方程式を満たすことである．

$$\dot{M} = [M, \Omega] \tag{2.12}$$

例題 2.6 一般に，行列値関数 $M(t), \Omega(t)$ について $\dot{M} = [M, \Omega]$ が成り立つとき，もし，Ω が交代であれば，$M(t)$ と $M(0)$ はユニタリ同値，すなわち，$M(t) = U(t) M(0) U(t)^{-1}$ となる直交行列 $U(t)$ が存在することを示せ．

とくに，$\mathrm{tr}\, M(t)^k$ は t によらず一定である．

【解】 $\dot{U} = U\Omega$, $U(0) = I$ の解を $U(t)$ とする．前にみたように U は直交行列である．

$$\frac{\mathrm{d}}{\mathrm{d}t} U^{-1} = -U^{-1} \dot{U} U^{-1} = -U^{-1} U \Omega U^{-1} = -\Omega U^{-1},$$

$$\frac{\mathrm{d}}{\mathrm{d}t} U M U^{-1} = U\Omega M U^{-1} + U \dot{M} U^{-1} - U M \Omega U^{-1}$$
$$= U(\Omega M - M\Omega + \dot{M}) U^{-1} = O$$

よって，$M(t) = U(t) M(0) U(t)^{-1}$ を得る． □

例 5 前節で述べたオイラーの方程式が，(2.12)の特別な場合であることをみよう．$G = SO(3)$ とする．$\mathfrak{g} = \{A; {}^t A = -A\}$ であり，交代行列 A をベクトル $\boldsymbol{a} \in \mathbb{R}^3$ と同一視すれば，$[A, B] \longleftrightarrow \boldsymbol{a} \times \boldsymbol{b}$ である（本講座「物の理・数の理 1」例題 1.4）．質点系 $(V, m, \boldsymbol{x}(\cdot))$ に対して，$\mathbb{R}^3$ の内積を

$$\langle \bm{u}, \bm{u} \rangle = \int_V \|\bm{x}(x) \times \bm{u}\|^2 \mathrm{d}m(x)$$

により定める．ただし，$\bm{x}(V)$ は本質的には直線に含まれないとする(従って，これは正定値である)(本講座「物の理・数の理 1」例題 2.4 参照)．$\mathfrak{g}=\mathbb{R}^3$ の内積 $\langle \cdot, \cdot \rangle_0$ を標準的な内積とすれば，これは G 上の両側不変な計量を定める．実際，$\langle \bm{a}, \bm{b} \rangle_0 = \mathrm{tr}\ {}^tAB$ であり，$\mathrm{Ad}_g A = gAg^{-1}$ に注意すればよい．さらに，$\mathcal{I} : \mathbb{R}^3 \longrightarrow \mathbb{R}^3$ を慣性モーメント作用素とすれば，$\langle X, Y \rangle = \langle \mathcal{I}X, Y \rangle_0$ である．これから，オイラーの方程式が(2.12)の特別な場合であることがわかる．

演習問題 2.2 両側不変なリーマン計量をもつリー群 G において，そのレビ-チビタ接続から定まる指数写像 $\mathrm{Exp} : \mathfrak{g} \longrightarrow G$ はリー群としての指数写像 $\exp : \mathfrak{g} \longrightarrow G$ と一致することを示せ．
〔ヒント〕 $\langle \cdot, \cdot \rangle = \langle \cdot, \cdot \rangle_0$ のとき，$\bm{M} = \Omega$ であるから $\dot{\Omega}=0$ となり，Ω は定ベクトルである．よって左不変ベクトル場 X を $X(g) = g\Omega$ により定義すれば，測地線 $g(t)$ は $\dot{g}(t) = X(g(t))$ の解であり，$g(t) = \exp t\Omega$ となる．

課題 2.1
(1) 有限次元リー環 $\mathfrak{g}$ に対して，それをリー環とするリー群 G が存在することを示せ．単連結(すべての連続閉曲線が 1 点に連続変形可能)という条件をもつリー群としては，(同型を除いて) G は一意に決まることを示せ．
(2) 回転群 $SO(3)$ と特殊ユニタリ群 $SU(2)$ のリー環は同型であるが，リー群としては異なることを示せ．$SU(n)$ ($n \geq 2$) は単連結であることを示せ．

3
微分形式

 ベクトル場に似て非なるものに,**1次の微分形式**の概念がある.その萌芽は微分積分学における,「線積分」の考え方に見出すことができる.すなわち,助変数 t により表わされた xy 平面上の曲線 $C:c(t)=(x(t),y(t))$ $(a\leq t\leq b)$ に対して,C に沿う線積分 $\int_C (f(x,y)\mathrm{d}x+g(x,y)\mathrm{d}y)$ を通常の積分

$$\int_a^b f(x(t),y(t))\frac{\mathrm{d}x}{\mathrm{d}t}\,\mathrm{d}t+\int_a^b g(x(t),y(t))\frac{\mathrm{d}y}{\mathrm{d}t}\,\mathrm{d}t$$

によって定義するが,ここで,記号 $f(x,y)\mathrm{d}x+g(x,y)\mathrm{d}y$ そのものに意味を付与したいと思うとき,1次の微分形式の概念が用いられるのである.さらに,高次の微分形式を考えることができて,物理法則,なかでも電磁場の理論において自然かつ重要な役割を果たす(3.3節,本講座「物の理・数の理3」参照).微分形式を導入するには,長い準備が必要であるが,報われるものも大きい.

■3.1 テンソル場

 微分形式を定義する前に,連続体の運動理論や一般相対論な

ど,広く物理学で有用な**テンソル場**の概念を定義しよう.

n 次元線形空間 L に対して,線形写像(線形汎関数) $T: L \longrightarrow \mathbb{R}$ の全体を L の**双対線形空間** L^* という.L^* には,

$$(aT+bS)(\boldsymbol{u}) = aT(\boldsymbol{u})+bS(\boldsymbol{u})$$
$$(a, b \in \mathbb{R},\ T, S \in L^*,\ \boldsymbol{u} \in L)$$

と置くことにより線形空間の構造が入る.$\{\boldsymbol{e}_1, \cdots, \boldsymbol{e}_n\}$ を L の基底とするとき,$T_i \in L^*$ ($i=1, \cdots, n$) が $T_i(\boldsymbol{e}_j)=\delta_{ij}$ を満たす線形汎関数として一意的に決まる.$\{T_1, \cdots, T_n\}$ は L^* の基底となることが確かめられ,これを $\{\boldsymbol{e}_1, \cdots, \boldsymbol{e}_n\}$ の**双対基底**という.L と L^* は同次元であるから,線形空間として同型であるが,「自然な」同型写像は存在しない.そこで,われわれは,L と L^* は区別して扱う.他方,L と $(L^*)^*$ の間には自然な同型があるから,L と $(L^*)^*$ は同一視される.実際,$\boldsymbol{u} \in L$ に対して,$f_{\boldsymbol{u}} \in (L^*)^*$ を $f_{\boldsymbol{u}}(T)=T(\boldsymbol{u})$ ($T \in L^*$) として定義すれば,対応 $\boldsymbol{u} \mapsto f_{\boldsymbol{u}}$ が同型写像を与える(L が無限次元のときは,同型ではない).

M を n 次元多様体とする.点 $p \in M$ の接空間 T_pM の双対線形空間 T_p^*M を p における**余接空間**という.p のまわりの局所座標系 $(q_1, \cdots, q_n)$ から定まる T_pM の基底 $\left(\dfrac{\partial}{\partial q_1}\right)_p, \cdots, \left(\dfrac{\partial}{\partial q_n}\right)_p$ の双対基底を $(dq_1)_p, \cdots, (dq_n)_p$ により表わそう.すなわち,$(dq_j)_p\left(\left(\dfrac{\partial}{\partial q_i}\right)_p\right)=\delta_{ij}$ である.p のまわりの別の局所座標系 $(\bar{q}_1, \cdots, \bar{q}_n)$ に対して

$$(d\bar{q}_i)_p = \sum_{j=1}^n \frac{\partial \bar{q}_i}{\partial q_j}(dq_j)_p \tag{3.1}$$

が成り立つことが確かめられる(例題 1.2 参照).

 一般に,線形空間 $L_1, \cdots, L_k$ の直積 $L_1 \times \cdots \times L_k$ から $\mathbb{R}$ への写像 T がつぎの性質を満たすとき,T は k **重線形写像**(あるい

3.1 テンソル場

──── 双対空間の「機能」 ────

 有限次元線形空間 L の双対線形空間 L^* は，L と同じ次元をもつから L と線形同型であり，線形空間としては L と同一視できる．しかし，この同一視は「自然」なものではない．同一視するには，L の基底を選ぶ（あるいは L に内積を入れる）という操作が必要だからである．

 数学では2つの対象の間でたとえ同一視が可能でも，同一視が自然ではないときには，それらを明確に区別することが多い．たとえば，いま述べた双対線形空間と関連することだが，多様体 M の接束 TM と余接束 T^*M は異なる対象と考える．したがって，ベクトル場と1次の微分形式は区別すべき対象なのである．このような区別は，ベクトル場と微分形式の「機能」の違いからも自然なことである．すなわち，ベクトル場は1階の微分作用素あるいは「無限小変換」としての機能をもち，1次の微分形式は線積分の機能をもつ．

は k を省略して**多重線形写像**）とよぶ．

$$T(\boldsymbol{u}_1, \cdots, \boldsymbol{u}_{i-1}, a\boldsymbol{u}_i + b\boldsymbol{v}_i, \boldsymbol{u}_{i+1}, \cdots, \boldsymbol{u}_k)$$
$$= aT(\boldsymbol{u}_1, \cdots, \boldsymbol{u}_i, \cdots, \boldsymbol{u}_k) + bT(\boldsymbol{u}_1, \cdots, \boldsymbol{v}_i, \cdots, \boldsymbol{u}_k)$$
$$(\boldsymbol{u}_i, \boldsymbol{v}_i \in L_i, \ a, b \in \mathbb{R}, \ i = 1, \cdots, k)$$

k 重線形写像の全体には，自然な線形空間の構造が入り，それを $L_1^* \otimes \cdots \otimes L_k^*$ により表わす．もっと一般に，線形空間 L に値をもつ k 重線形写像 $T : L_1 \times \cdots \times L_k \longrightarrow L$ を考えることができるが，これは $T'(\boldsymbol{u}_1, \cdots, \boldsymbol{u}_k, \boldsymbol{u}) = \boldsymbol{u}(T(\boldsymbol{u}_1, \cdots, \boldsymbol{u}_k))$, $(\boldsymbol{u} \in L^*)$ と置くことにより，$L_1^* \otimes \cdots \otimes L_k^* \otimes L$ の元 T' と自然に同一視される．

 各 L_i を T_pM または T_p^*M として，各点 p に対して $T(p) \in L_1^* \otimes \cdots \otimes L_k^*$ への対応が与えられているとする．記述を簡単にするため，$L_1 = \cdots = L_\alpha = T_p^*M$, $L_{\alpha+1} = \cdots = L_{\alpha+\beta} = T_pM$ ($k = \alpha + \beta$) としよう．局所座標系 $(q_1, \cdots, q_n)$ について，

$$T^{i_1\cdots i_\alpha}{}_{j_1\cdots j_\beta}(p)$$
$$= T\left((dq_{i_1})_p, \cdots, (dq_{i_\alpha})_p, \left(\frac{\partial}{\partial q_{j_1}}\right)_p, \cdots, \left(\frac{\partial}{\partial q_{j_\beta}}\right)_p\right)$$

と置く.これを T の**成分**といい,$T=T^{i_1\cdots i_\alpha}{}_{j_1\cdots j_\beta}$ と略記する(添字の上下の役割に注意).任意の局所座標系について,座標近傍上で成分 $T^{i_1\cdots i_\alpha}{}_{j_1\cdots j_\beta}(p)$ が滑らかなとき,T は (α,β) 型の**テンソル場**あるいは単に**テンソル**とよばれる.テンソル場全体には,自然に線形構造が入る.

$(\alpha,0)$ 型テンソル $T=T_{i_1\cdots i_\alpha}$ において,T が添字の並べ替えで不変であるとき,すなわち,$(1,\cdots,\alpha)$ の任意の置換 σ に対して $T_{i_{\sigma(1)}\cdots i_{\sigma(\alpha)}}=T_{i_1\cdots i_\alpha}$ であるとき,T を**対称テンソル**という.$(0,\beta)$ 型テンソルについても,対称テンソルを同様に定義する.

例題 3.1 $\overline{T}^{h_1\cdots h_\alpha}{}_{l_1\cdots l_\beta}$ をテンソル場 T の別の局所座標系 $(\overline{q}_1,\cdots,\overline{q}_n)$ に関する成分とするとき,座標近傍の共通部分においてつぎの変換則が成り立つことを示せ.

$$T^{i_1\cdots i_\alpha}{}_{j_1\cdots j_\beta}$$
$$= \sum_{h_1,\cdots,h_\alpha,l_1,\cdots,l_\beta} \overline{T}^{h_1\cdots h_\alpha}{}_{l_1\cdots l_\beta} \frac{\partial q_{i_1}}{\partial \overline{q}_{h_1}} \cdots \frac{\partial q_{i_\alpha}}{\partial \overline{q}_{h_\alpha}} \frac{\partial \overline{q}_{l_1}}{\partial q_{j_1}} \cdots \frac{\partial \overline{q}_{l_\beta}}{\partial q_{j_\beta}}$$

逆に,M を覆う座標近傍の族と,上の変換則を満たすような各座標近傍上で定義された関数族 $T^{i_1\cdots i_\alpha}{}_{j_1\cdots j_\beta}$ が与えられたとき,それらを成分とするようなテンソル場 T が存在することを示せ.

【解】 例題 1.2 および(3.1)の変換公式を使えばよい. □

例1 $(1,0)$ 型テンソル場はベクトル場に他ならない.$(0,1)$ 型テンソル場は,各点 p に T_p^*M の元を対応させるものである.これを **1 次の微分形式**という.リーマン計量,曲率テンソルは,それぞれ $(0,2)$,$(1,3)$ 型のテンソル場である.とくにリーマン計量は対称テンソルである.リーマン計量の成分行列 (g_{ij}) の逆行列 (g^{ij}) について,g^{ij} は $(2,0)$ 型対称テンソルの成分である.接続 ∇ そのものはテンソル場ではないが,2つの接続 ∇^1,∇^2

の差 $T(X,Y)=\nabla^1_X Y - \nabla^2_X Y$ により定義される T はテンソル場である. よって, 接続のなす集合にはアフィン空間の構造が入る.

2つのテンソル場 $T=T^{i_1\cdots i_\alpha}{}_{j_1\cdots j_\beta}$, $S=S^{h_1\cdots h_\gamma}{}_{k_1\cdots k_\delta}$ に対して, 新しいテンソル場 U をその成分 $U^{i_1\cdots i_\alpha h_1\cdots h_\gamma}{}_{j_1\cdots j_\beta k_1\cdots k_\delta}$ が $T^{i_1\cdots i_\alpha}{}_{j_1\cdots j_\beta} S^{h_1\cdots h_\gamma}{}_{k_1\cdots k_\delta}$ となるように定義する. U を T,S の**積**といい, TS により表わす. さらに, $T=T^{i_1\cdots i_\alpha}{}_{j_1\cdots j_\beta}$ に対して, $1\leq s\leq \alpha$, $1\leq t\leq \beta$ であるような番号 s,t を選び, その部分の添字をそろえてとった和

$$T^{i_1\cdots \widehat{i_s}\cdots i_\alpha}{}_{j_1\cdots \widehat{j_t}\cdots j_\beta} = \sum_{k=1}^n T^{i_1\cdots k\cdots i_\alpha}{}_{j_1\cdots k\cdots j_\beta}$$

を考えると ($\widehat{i}$ は i を取り去ることを意味する), $\sum_{k=1}^n \dfrac{\partial q_k}{\partial \overline{q}_{h_s}} \dfrac{\partial \overline{q}_{l_t}}{\partial q_k}$ $=\delta_{q_{h_s} q_{l_t}}$ となることから, 上の例題を使えば, これもテンソルの成分となることが容易にわかる. これを T を**縮約**して得られるテンソルという.

リーマン多様体の場合, リーマン計量の成分である第1基本形式の係数を利用して, 与えられたテンソルから積と縮約を利用して, 新しいテンソルを作ることができる(以下述べる事柄は, 一般ローレンツ多様体に対しても成り立つ).

例2 曲率テンソルの成分 $R^i{}_{jkl}$ を縮約して得られるテンソル $R_{jl}=\sum_{h=1}^n R^h{}_{jhl}$ を**リッチ曲率**(の成分)という(本講座「物の理・数の理3」参照). また $R=\sum_{j,l=1}^n g^{jl}R_{jl}$ を**スカラー曲率**という.

例題 3.2

(1) 線形写像 $Z \mapsto R(X,Z)Y$ の跡を $\mathrm{Ricc}(X,Y)$ と表わすとき, テンソル Ricc の成分は R_{ij} であることを示せ.

(2) $\mathrm{Ricc}(X,Y)$ は X,Y について対称なこと, すなわち $R_{ij}=R_{ji}$ であることを示せ.

【解】 (1)は自明である.(2)をみるには,例題 1.12 の(3)を使って,$\sum_h R^h{}_{ijh}=0$ を示し,同じ例題の(1),(2)により

$$\sum_h R^h{}_{ihj} = -\sum_h R^h{}_{hij} = \sum_h R^h{}_{ijh}+\sum_h R^h{}_{jhi} = \sum_h R^h{}_{jhi}$$

を得る. □

M にアフィン接続 ∇ が与えられたとき,テンソル場の共変微分を定義しよう.ベクトル場 X と $Y \in T_pM$,$\omega \in T^*M$ について $(\nabla X)(\omega, Y)=\omega(\nabla_Y X)$ と置くことにより,$(1,1)$ 型のテンソルが得られる.$X=\sum_i \xi^i \left(\dfrac{\partial}{\partial q_i}\right)$ として,∇X の成分を $\xi^i{}_{;j}$ と表わすとき,$\xi^i{}_{;j}=\dfrac{\partial \xi^i}{\partial q_j}+\sum_k \Gamma_j{}^i{}_k \xi^k$ であることが容易にわかる.$(0,1)$ 型のテンソル場 ω については,積の微分法則 $Y(\omega(X))=(\nabla_Y \omega)(X)+\omega(\nabla_Y X)$ が成り立つように,$\nabla_X \omega$ を定めると,$X=\sum_i \xi^i \left(\dfrac{\partial}{\partial q_i}\right)$, $Y=\sum_i \eta^i \left(\dfrac{\partial}{\partial q_i}\right)$, $\omega=\sum_i \gamma_i (dq_i)$ に対して

$$(\nabla_Y \omega)(X) = \sum_{i,j} \left(\dfrac{\partial \gamma_i}{\partial q_j} - \sum_k \Gamma_j{}^k{}_i \gamma_k \right)\eta^j \xi^i$$

となる.そこで,$(0,2)$ 型テンソル $\nabla \omega$ を $(\nabla \omega)(X,Y)=(\nabla_Y \omega)(X)$ により定めると,その成分 $\gamma_{i;j}$ は $\gamma_{i;j}=\dfrac{\partial \gamma_i}{\partial q_j}-\sum_k \Gamma_j{}^k{}_i \gamma_k$ により与えられる.

T を一般の (α, β) 型テンソル場としよう.この場合も,積の微分法則

$$\begin{aligned}&Y(T(\omega_1,\cdots,\omega_\alpha,X_1,\cdots,X_\beta))\\&= (\nabla_Y T)(\omega_1,\cdots,\omega_\alpha,X_1,\cdots,X_\beta)\\&\quad + \sum_{i=1}^\alpha T(\omega_1,\cdots,\nabla_Y \omega_i,\cdots,\omega_\alpha,X_1,\cdots,X_\beta)\end{aligned}$$

$$+\sum_{i=1}^{\beta} T(\omega_1,\cdots,\omega_\alpha,X_1,\cdots,\nabla_Y X_i,\cdots,X_\beta)$$

が成り立つように共変微分 $\nabla_X T$ を定めることができる(ω_i は $(0,1)$ 型, X_i は $(1,0)$ 型). さらに, ∇T を $(\nabla T)(\omega_1,\cdots,\omega_\alpha,X_1,\cdots,X_\beta,Y)=(\nabla_Y T)(\omega_1,\cdots,\omega_\alpha,X_1,\cdots,X_\beta)$ により定めると, その成分 $T^{i_1\cdots i_\alpha}{}_{j_1\cdots j_\beta;k}$ は

$$\begin{aligned}T^{i_1\cdots i_\alpha}{}_{j_1\cdots j_\beta;k} =\ & \frac{\partial}{\partial q_k} T^{i_1\cdots i_\alpha}{}_{j_1\cdots j_\beta} \\ & + \sum_{h=1}^{\alpha}\sum_{i=1}^{n} \Gamma_k{}^{i_h}{}_i T^{i_1\cdots i\cdots i_\alpha}{}_{j_1\cdots j_\beta} \\ & - \sum_{h=1}^{\beta}\sum_{j=1}^{n} \Gamma_k{}^j{}_{j_h} T^{i_1\cdots i_\alpha}{}_{j_1\cdots j\cdots j_\beta}\end{aligned}$$

により与えられる. ただし, $T^{i_1\cdots i\cdots i_\alpha}{}_{j_1\cdots j_\beta}$ における i は i_h の位置にあり, $T^{i_1\cdots i_\alpha}{}_{j_1\cdots j\cdots j_\beta}$ における j は j_h の位置にあるとする. 明らかに,

$$\begin{aligned}(T^{i_1\cdots i_\alpha}{}_{j_1\cdots j_\beta} & S^{h_1\cdots h_\gamma}{}_{k_1\cdots k_\delta})_{;l} \\ =\ & T^{i_1\cdots i_\alpha}{}_{j_1\cdots j_\beta;l} S^{h_1\cdots h_\gamma}{}_{k_1\cdots k_\delta} \\ & + T^{i_1\cdots i_\alpha}{}_{j_1\cdots j_\beta} S^{h_1\cdots h_\gamma}{}_{k_1\cdots k_\delta;l}\end{aligned}$$

すなわち $\nabla(TS)=(\nabla T)S+T(\nabla S)$ が成り立つ.

例題 3.3 ∇ をリーマン計量 g から定まるレビ-チビタ接続とするとき, $\nabla g=0$ であることを示せ. このことから, $g_{ij;k}=g^{ij}{}_{;k}=0$ が導かれる.

【 解 】 $(\nabla g)(X,Y,Z)=(\nabla_Z g)(X,Y)=Z(g(X,Y))-g(\nabla_Z X,Y)-g(X,\nabla_Z Y)=0$ □

演習問題 3.1 つぎの公式を示せ.
(1) $T^i{}_{;j;k} - T^i{}_{;k;j} = \sum_h R^i{}_{jkh} T^h$

(2) $T_{i;j;k} - T_{i;k;j} = -\sum_h R^h{}_{jki} T_h$

(3) $T_{ij;k;l} - T_{ij;l;k} = -\sum_h R^h{}_{kli} T_{hj} - \sum_h R^h{}_{klj} T_{ih}$

例題 3.4(ビアンキの公式) $R^h{}_{jki;l} + R^h{}_{kli;j} + R^h{}_{lji;k} = 0$ を示せ.

【解】 上の演習問題の(3)を利用して

$$T_{i;j;k;l} - T_{i;j;l;k} = -\sum_h R^h{}_{kli} T_{;j} - \sum_h R^h{}_{klj} T_{i;h} \tag{3.2}$$

$$T_{i;k;l;j} - T_{i;k;j;l} = -\sum_h R^h{}_{lji} T_{;k} - \sum_h R^h{}_{ljk} T_{i;h} \tag{3.3}$$

$$T_{i;l;j;k} - T_{i;l;k;j} = -\sum_h R^h{}_{jki} T_{;l} - \sum_h R^h{}_{jkl} T_{i;h} \tag{3.4}$$

を得る.他方,(1)から得られる $T_{i;j;k} - T_{i;k;j} = \sum_h R^h{}_{jki} T_h$ の両辺を共変微分して,

$$T_{i;j;k;l} - T_{i;k;j;l} = -\sum_h R^h{}_{jki;l} T_h - \sum_h R^h{}_{jki} T_{h;l} \tag{3.5}$$

が得られる.添字を入れかえれば

$$T_{i;l;j;k} - T_{i;j;l;k} = -\sum_h R^h{}_{lji;k} T_h - \sum_h R^h{}_{lji} T_{h;k} \tag{3.6}$$

$$T_{i;k;l;j} - T_{i;l;k;j} = -\sum_h R^h{}_{kli;j} T_h - \sum_h R^h{}_{kli} T_{h;j} \tag{3.7}$$

となるから,(3.2)+(3.3)+(3.4)−(3.5)−(3.6)−(3.7)を考えれば,

$$\sum_h T_h (R^h{}_{jki;l} + R^h{}_{kli;j} + R^h{}_{lji;k}) - \sum_h T_{i;h}(R^h{}_{jkl} + R^h{}_{ljk} + R^h{}_{klj}) = 0$$

を得る.ところが左辺の第2項は例題1.12(2)により0となり,T_h は任意なので,ビアンキの公式を得る. □

例題 3.5 ビアンキの公式を使って,$\sum_j \left(R^{ij} - \dfrac{1}{2} R g^{ij}\right)_{;j} = 0$ を示せ.ただし,$R^{ij} = \sum_{h,k} g^{ih} g^{jk} R_{hk}$ とする.この事実は,一般相対論で使われる(本講座「物の理・数の理3」参照).

【解】 ビアンキの公式において,$h=k$ として縮約すると

$$R_{ji;l} + \sum_h R^h{}_{hli;j} + \sum_h R^h{}_{lji;h} = 0 \implies R_{ji;l} - R_{li;j} + \sum_h R^h{}_{lji;h} = 0$$

$$\implies \sum_{i,j}(g^{ji}R_{ji})_{;l} - \sum_{i,j}(g^{ji}R_{li})_{;j} + \sum_{h,i,j}(g^{ji}R^h{}_{lji})_{;h} = 0$$

ここで,例題 1.12(3)から得られる式 $\sum_h g^{ih}R^j{}_{klh} = -\sum_h g^{jh}R^i{}_{klh}$ を使えば,

$$\sum_{i,j} g^{ji}R^h{}_{lji} = -\sum_{j,k} g^{hk}R^j{}_{ljk} = -\sum_k g^{hk}R_{lk}$$

$$\implies R_{;l} - 2\sum_{i,j}(g^{ji}R_{li})_{;j} = 0$$

となる.求める式は,これから直ちに得られる. □

■3.2 微分形式

これから定義する k 次の微分形式は $(0,k)$ 型テンソル場の特別なものである.

前節の k 重線形写像の定義において,$L = L_i$ $(i=1,\cdots,k)$ であり,T が

$$T(\boldsymbol{u}_{\sigma(1)}, \cdots, \boldsymbol{u}_{\sigma(k)}) = (\operatorname{sgn} \sigma)T(\boldsymbol{u}_1, \cdots, \boldsymbol{u}_k) \quad (\sigma \in \mathcal{S}_k)$$

を満たすとき,T を k 重交代形式という.k 重交代形式の全体は線形空間をなすが,これを $\wedge^k L^*$ により表わす $(\wedge^1 L^* = L^*)$.

例題 3.6 k 重線形写像 T が交代形式であるための必要十分条件は,ある i について $\boldsymbol{u}_i = \boldsymbol{u}_{i+1}$ となるとき $T(\boldsymbol{u}_1, \cdots, \boldsymbol{u}_k) = 0$ となることである.これを示せ.

【解】 必要性は明らか.

$$T(\boldsymbol{u}_1, \cdots, \boldsymbol{u}_i, \boldsymbol{u}_{i+1}, \cdots, \boldsymbol{u}_k) = -T(\boldsymbol{u}_1, \cdots, \boldsymbol{u}_{i+1}, \boldsymbol{u}_i, \cdots, \boldsymbol{u}_k)$$

および,すべての置換は連続する文字列の互換の積で表わされることから,十分性も明らかである. □

| 54 | 3　微分形式 |

$T_1 \in \wedge^k L^*$, $T_2 \in \wedge^l L^*$ の**外積**を定義しよう．このため，$\{1,\cdots,k+l\}$ の置換 $\sigma \in \mathcal{S}_{k+l}$ で $\sigma(1) < \cdots < \sigma(k)$, $\sigma(k+1) < \cdots < \sigma(k+l)$ を満たすもの全体を $\mathcal{S}(k,l)$ とする．そして，$T_1 \wedge T_2$ をつぎのように定義する．

$$(T_1 \wedge T_2)(\boldsymbol{u}_1, \cdots, \boldsymbol{u}_{k+l})$$
$$= \sum_{\sigma \in \mathcal{S}(k,l)} (\mathrm{sgn}\ \sigma)\, T_1(\boldsymbol{u}_{\sigma(1)}, \cdots, \boldsymbol{u}_{\sigma(k)})$$
$$\times T_2(\boldsymbol{u}_{\sigma(k+1)}, \cdots, \boldsymbol{u}_{\sigma(k+l)})$$

$\mathcal{S}(k,l)$ の定義から，$\sigma(1), \cdots, \sigma(k)$ を決めれば，$\sigma(k+1), \cdots, \sigma(k+l)$ が自動的に決まることに注意．

$T_1, T_2 \in \wedge^1 L^*$ に対しては，$(T_1 \wedge T_2)(\boldsymbol{u}, \boldsymbol{v}) = T_1(\boldsymbol{u})T_2(\boldsymbol{v}) - T_2(\boldsymbol{u})T_1(\boldsymbol{v})$ である．定義から，次式も容易に得られる．

$$T_1 \wedge (T_2 + T_3) = T_1 \wedge T_2 + T_1 \wedge T_3$$
$$(T_1 \in \wedge^k L^*,\ T_2, T_3 \in \wedge^l L^*),$$
$$(aT_1) \wedge T_2 = a(T_1 \wedge T_2) = T_1 \wedge (aT_2) \quad (a \in \mathbb{R})$$

例題 3.7

(1) $T_1 \wedge T_2 \in \wedge^{k+l} L^*$ であることを確かめよ．
(2) $T_1 \wedge T_2 = (-1)^{kl} T_2 \wedge T_1$ を示せ．
(3) $T_1 \wedge (T_2 \wedge T_3) = (T_1 \wedge T_2) \wedge T_3$ を示せ．

【解】

(1) まず，$\boldsymbol{u}_1 = \boldsymbol{u}_2$ であるとき，$(T_1 \wedge T_2)(\boldsymbol{u}_1, \cdots, \boldsymbol{u}_{k+l}) = 0$ を示す．このため，$\mathcal{S}_{12} = \{\sigma \in \mathcal{S}(k,l);\ \sigma(1)=1,\ \sigma(k+1)=2\}$, $\mathcal{S}_{21} = \{\sigma \in \mathcal{S}(k,l);\ \sigma(1)=2,\ \sigma(k+1)=1\}$, $\mathcal{S}_0 = \mathcal{S}(k,l) - (\mathcal{S}_{12} \cup \mathcal{S}_{21})$ と置く．$\sigma \in \mathcal{S}_0$ に対して，$\boldsymbol{u}_{\sigma(1)} = \boldsymbol{u}_{\sigma(2)}$ あるいは $\boldsymbol{u}_{\sigma(k+1)} = \boldsymbol{u}_{\sigma(k+2)}$ のどちらかが成り立つから，$T_1(\boldsymbol{u}_{\sigma(1)}, \cdots, \boldsymbol{u}_{\sigma(k)})$ あるいは $T_2(\boldsymbol{u}_{\sigma(k+1)}, \cdots, \boldsymbol{u}_{\sigma(k+l)})$ のいずれかは 0 である（たとえば，$\sigma(1) \neq 1, 2$ とすると，$\sigma(k+1)=1, \sigma(k+2)=2$ である）．τ を 1, 2 を入れ替える互換とすると，$\sigma \mapsto \tau\sigma$ は $\mathcal{S}_{12}$ から $\mathcal{S}_{21}$ への全単射を与えるから，

$(T_1 \wedge T_2)(\boldsymbol{u}_1, \cdots, \boldsymbol{u}_{k+l})$

$= \sum_{\sigma \in \mathcal{S}_{12}} (\text{sgn } \sigma) T_1(\boldsymbol{u}_{\sigma(1)}, \cdots, \boldsymbol{u}_{\sigma(k)}) T_2(\boldsymbol{u}_{\sigma(k+1)}, \cdots, \boldsymbol{u}_{\sigma(k+l)})$

$\quad - \sum_{\sigma \in \mathcal{S}_{12}} (\text{sgn } \sigma) T_1(\boldsymbol{u}_{\tau\sigma(1)}, \cdots, \boldsymbol{u}_{\tau\sigma(k)})$

$\qquad \times T_2(\boldsymbol{u}_{\tau\sigma(k+1)}, \cdots, \boldsymbol{u}_{\tau\sigma(k+l)})$

ここで $\sigma \in \mathcal{S}_{12}$ について, $\sigma(1)=1$, $\sigma(k+1)=2$ であることと, $\tau\sigma(1)=2$, $\tau\sigma(k+1)=1$ であることから, $i \neq 1, k+1$ に対して $\tau\sigma(i)=\sigma(i)$ となる. ここで $\boldsymbol{u}_1 = \boldsymbol{u}_2$ であることを使えば, 上の和の各項がキャンセルすることがわかる. 同様に, $\boldsymbol{u}_i = \boldsymbol{u}_{i+1}$ の場合も $(T_1 \wedge T_2)(\boldsymbol{u}_1, \cdots, \boldsymbol{u}_{k+l})=0$ となることが確かめられる. 例題 3.6 により, $T_1 \wedge T_2 \in \wedge^{k+l} L^*$ である.

(2) $\tau \in \mathcal{S}(k+l)$ をつぎのように定める:

$$\tau(1) = k+1, \ \tau(2) = k+2, \ \cdots, \ \tau(l) = k+l,$$
$$\tau(l+1) = 1, \ \tau(l+2) = 2, \ \cdots, \ \tau(l+k) = k$$

sgn $\tau = (-1)^{kl}$ であり, $\sigma \mapsto \sigma\tau$ は $\mathcal{S}(k,l)$ から $\mathcal{S}(l,k)$ への全単射を誘導する. 後は, つぎの関係式に注意すればよい.

$$T_2(\boldsymbol{u}_{\sigma\tau(1)}, \cdots, \boldsymbol{u}_{\sigma\tau(l)}) = T_2(\boldsymbol{u}_{\sigma(k+1)}, \cdots, \boldsymbol{u}_{\sigma(k+l)}),$$
$$T_1(\boldsymbol{u}_{\sigma\tau(l+1)}, \cdots, \boldsymbol{u}_{\sigma\tau(l+k)}) = T_1(\boldsymbol{u}_{\sigma(1)}, \cdots, \boldsymbol{u}_{\sigma(k)})$$

(3) $\mathcal{S}(k,l,m)$ を

$$\sigma(1) < \cdots < \sigma(k), \quad \sigma(k+1) < \cdots < \sigma(k+l),$$
$$\sigma(k+l+1) < \cdots < \sigma(k+l+m)$$

を満たす置換全体とする. さらに, $\sigma \in \mathcal{S}(k,l,m)$ で, $\{1,\cdots,k\}$ 上で恒等置換になっているもの全体を $\mathcal{S}(\overline{k},l,m)$ とし, $\sigma \in \mathcal{S}(k,l,m)$ で, $\{k+l+1,\cdots,k+l+m\}$ 上で恒等置換になっているもの全体を $\mathcal{S}(k,l,\overline{m})$ とする. このとき, 対応 $(\sigma,\tau) \mapsto \sigma\tau$ は全単射

$$\mathcal{S}(k,l+m) \times \mathcal{S}(\overline{k},l,m) \longrightarrow \mathcal{S}(k,l,m) \tag{3.8}$$

$$\mathcal{S}(k+l,m) \times \mathcal{S}(k,l,\overline{m}) \longrightarrow \mathcal{S}(k,l,m) \tag{3.9}$$

を誘導する. このことから, (3.8) により

$$T_1 \wedge (T_2 \wedge T_3)(\boldsymbol{u}_1, \cdots, \boldsymbol{u}_{k+l+m})$$
$$= \sum_{\sigma \in \mathcal{S}(k,l+m)} \operatorname{sgn} \sigma \, T_1(\boldsymbol{u}_{\sigma(1)}, \cdots, \boldsymbol{u}_{\sigma(k)})$$
$$\times (T_2 \wedge T_3)(\boldsymbol{u}_{\sigma(k+1)}, \cdots, \boldsymbol{u}_{\sigma(k+l+m)})$$
$$= \sum_{\sigma \in \mathcal{S}(k,l+m)} \operatorname{sgn} \sigma \sum_{\tau \in \mathcal{S}(\overline{k},l,m)} \{\operatorname{sgn} \tau \, T_1(\boldsymbol{u}_{\sigma(1)}, \cdots, \boldsymbol{u}_{\sigma(k)})$$
$$\times T_2(\boldsymbol{u}_{\sigma\tau(k+1)}, \cdots, \boldsymbol{u}_{\sigma\tau(k+l)})$$
$$\times T_3(\boldsymbol{u}_{\sigma\tau(k+l+1)}, \cdots, \boldsymbol{u}_{\sigma\tau(k+l+m)})\}$$
$$= \sum_{\mu \in \mathcal{S}(k,l,m)} \operatorname{sgn} \mu \, T_1(\boldsymbol{u}_{\mu(1)}, \cdots, \boldsymbol{u}_{\mu(k)}) T_2(\boldsymbol{u}_{\mu(k+1)}, \cdots, \boldsymbol{u}_{\mu(k+l)})$$
$$\times T_3(\boldsymbol{u}_{\mu(k+l+1)}, \cdots, \boldsymbol{u}_{\mu(k+l+m)})$$

同様に(3.9)を使えば,$(T_1 \wedge T_2) \wedge T_3(\boldsymbol{u}_1, \cdots, \boldsymbol{u}_{k+l+m})$ も最後の式と一致することが確かめられる. □

例題 3.8

(1) $T_1, \cdots, T_k \in L^*$ に対して,次式が成り立つことを示せ.

$$(T_1 \wedge \cdots \wedge T_k)(\boldsymbol{u}_1, \cdots, \boldsymbol{u}_k) = \det \begin{pmatrix} T_1(\boldsymbol{u}_1) & T_1(\boldsymbol{u}_2) & \cdots & T_1(\boldsymbol{u}_k) \\ T_2(\boldsymbol{u}_1) & T_2(\boldsymbol{u}_2) & \cdots & T_2(\boldsymbol{u}_k) \\ \vdots & \vdots & \ddots & \vdots \\ T_k(\boldsymbol{u}_1) & T_k(\boldsymbol{u}_2) & \cdots & T_k(\boldsymbol{u}_k) \end{pmatrix}$$

(2) $T_1, \cdots, T_k \in L^*$ が線形独立であるための必要十分条件は,$T_1 \wedge \cdots \wedge T_k \neq 0$ であることを示せ.

【解】

(1) $k=2$ のときは明らか.$k \geq 3$ のとき,

$$T_1 \wedge (T_2 \wedge \cdots \wedge T_k)(\boldsymbol{u}_1, \cdots, \boldsymbol{u}_k)$$
$$= \sum_{i=1}^{k} (-1)^{i+1} T_1(\boldsymbol{u}_i)(T_2 \wedge \cdots \wedge T_k)(\boldsymbol{u}_1, \cdots, \widehat{\boldsymbol{u}}_i, \cdots, \boldsymbol{u}_k)$$

であるから($\widehat{\boldsymbol{u}}_i$ は $\boldsymbol{u}_i$ を除くことを意味する),1 行目に関する行列式の展開を適用すればよい.

(2) $T_1, \cdots, T_k \in L^*$ が線形独立であるとき,$T_i(\boldsymbol{u}_j)=\delta_{ij}$ となるように $\boldsymbol{u}_1, \cdots, \boldsymbol{u}_k$ を選ぶことができるから,$(T_1 \wedge \cdots \wedge T_k)(\boldsymbol{u}_1, \cdots, \boldsymbol{u}_k)=\det I_n =1$ である.$T_1, \cdots, T_k$ が線形従属であるときは,たとえば T_k が他の T_j たちの線形結合で表わされる.$T_k=\sum_{i=1}^{k-1} a_i T_i$ とすれば,$T_1 \wedge \cdots \wedge T_k = \sum_{i=1}^{k-1} a_i T_1 \wedge \cdots \wedge T_{k-1} \wedge T_i = 0$ である. □

例題 3.9 $T_1, \cdots, T_n$ を L^* の基底とするとき,$T_{i_1} \wedge \cdots \wedge T_{i_k}$ ($i_1 < \cdots < i_k$) は $\wedge^k L^*$ の基底であることを示せ.とくに $\dim \wedge^k L^* = \binom{n}{k}$ である.

【解】 $\boldsymbol{e}_1, \cdots, \boldsymbol{e}_n \in L = (L^*)^*$ を $T_1, \cdots, T_n$ の双対基底とする.このとき,

$$(T_{i_1} \wedge \cdots \wedge T_{i_k})(\boldsymbol{e}_{j_1}, \cdots, \boldsymbol{e}_{j_k}) = \begin{cases} 0 & \{i_1, \cdots, i_k\} \neq \{j_1, \cdots, j_k\} \\ \operatorname{sgn} \sigma & \{i_1, \cdots, i_k\} = \{j_1, \cdots, j_k\} \end{cases}$$

ここで,σ は $\sigma(i_k) = j_k$ により定義される置換である.よって,任意の $T \in \wedge^k L^*$ は,

$$T = \sum_{\sigma \in \mathcal{S}(k, n-k)} T(\boldsymbol{e}_{\sigma(1)}, \cdots, \boldsymbol{e}_{\sigma(k)}) T_{\sigma(1)} \wedge \cdots \wedge T_{\sigma(k)}$$

と表わされるから,$T_{i_1} \wedge \cdots \wedge T_{i_k}$ ($i_1 < \cdots < i_k$) は $\wedge^k L^*$ を張る.それらの線形独立性は

$$\sum_{\sigma \in \mathcal{S}(k, n-k)} a_\sigma T_{\sigma(1)} \wedge \cdots \wedge T_{\sigma(k)} = 0 \quad (a_\sigma \in \mathbb{R})$$

に $(\boldsymbol{e}_{\sigma(1)}, \cdots, \boldsymbol{e}_{\sigma(k)})$ を代入すれば,$a_\sigma = 0$ となることから得られる. □

線形写像 $W : L \longrightarrow L_1$ に対して,線形写像 $W_k^* : \wedge^k L_1^* \longrightarrow \wedge^k L^*$ が,

$$(W_k^* T)(\boldsymbol{u}_1, \cdots, \boldsymbol{u}_k) = T(W(\boldsymbol{u}_1), \cdots, W(\boldsymbol{u}_k)) \quad (\boldsymbol{u}_i \in L)$$

と置くことにより定義される.明らかに,$W_{k+l}^*(T_1 \wedge T_2) = (W_k^*(T_1)) \wedge (W_l^*(T_2))$ ($T_1 \in \wedge^k L^*, T_2 \in \wedge^l L^*$) が成り立つ.

L を計量線形空間,$\boldsymbol{e}_1, \cdots, \boldsymbol{e}_n$ を L の正規直交基底,$\boldsymbol{f}_1, \cdots, \boldsymbol{f}_n$ をその双対基底とする.$T \in \wedge^k L^*$ を $T = \sum_{i_1 < \cdots < i_k} a_{i_1 \cdots i_k} \boldsymbol{f}_{i_1} \wedge \cdots \wedge$

$\boldsymbol{f}_{i_k}$ と表わしたとき, $\|T\|^2 = \sum_{i_1<\cdots<i_k} |a_{i_1\cdots i_k}|^2$ と置いて, $\wedge^k L^*$ に計量を定める. 換言すれば, $\boldsymbol{f}_{i_1} \wedge \cdots \wedge \boldsymbol{f}_{i_k}$ $(i_1<\cdots<i_k)$ が正規直交基底となるような内積を $\wedge^k L^*$ に入れる.

例題 3.10 上の計量の定義は, 正規直交基底のとり方によらないことを示せ.

【解】 $\boldsymbol{f}'_1, \cdots, \boldsymbol{f}'_n$ を別の正規直交基底に対する双対基底とする. このとき, $\boldsymbol{f}_i = \sum_{j=1}^n u_{ji} \boldsymbol{f}'_j$ と置くと, 行列 (u_{ij}) は直交行列である. また

$$\sum_{i_1<\cdots<i_k} a_{i_1\cdots i_k} \boldsymbol{f}_{i_1} \wedge \cdots \wedge \boldsymbol{f}_{i_k} = \frac{1}{k!} \sum_{i_1,\cdots,i_k=1}^n a_{i_1\cdots i_k} \boldsymbol{f}_{i_1} \wedge \cdots \wedge \boldsymbol{f}_{i_k} \tag{3.10}$$

であることに注意. ここで, $a_{i_{\sigma(1)}\cdots i_{\sigma(k)}} = (\mathrm{sgn}\,\sigma) a_{i_1\cdots i_k}$ であり, その他の場合は 0 となるように, 一般の $(i_1,\cdots,i_k)$ に対する $a_{i_1\cdots i_k}$ を定義した.

$$b_{j_1\cdots j_k} = \begin{cases} \sum_{i_1,\cdots,i_k=1}^n a_{i_1\cdots i_k} u_{j_1 i_1} \cdots u_{j_k i_k} \\ (j_1,\cdots,j_k \text{ がすべて異なる場合}) \\ 0 \quad (\text{その他の場合}) \end{cases}$$

と置くと, $b_{j_{\sigma(1)}\cdots j_{\sigma(k)}} = (\mathrm{sgn}\,\sigma) b_{j_1\cdots j_k}$ となることが確かめられ, (3.10) の右辺は

$$\frac{1}{k!} \sum_{j_1,\cdots,j_k=1}^n b_{j_1\cdots j_k} \boldsymbol{f}'_{j_1} \wedge \cdots \wedge \boldsymbol{f}'_{j_k}$$
$$= \sum_{j_1<\cdots<j_k} b_{j_1\cdots j_k} \boldsymbol{f}'_{j_1} \wedge \cdots \wedge \boldsymbol{f}'_{j_k}$$

に等しい. よって

$$\sum_{j_1<\cdots<j_k} |b_{j_1\cdots j_k}|^2 = \frac{1}{k!} \sum_{j_1,\cdots,j_k=1}^n |b_{j_1\cdots j_k}|^2$$
$$= \frac{1}{k!} \sum_{j_1,\cdots,j_k=1}^n \sum_{i_1,\cdots,i_k=1}^n \sum_{h_1,\cdots,h_k=1}^n a_{i_1\cdots i_k} a_{h_1\cdots h_k}$$
$$\times u_{j_1 i_1} u_{j_1 h_1} \cdots u_{j_k i_k} u_{j_k h_k}$$

$$= \frac{1}{k!} \sum_{i_1,\cdots,i_k=1}^{n} |a_{i_1\cdots i_k}|^2 = \|T\|^2$$

□

演習問題 3.2 L を計量線形空間とするとき,L^* の元 $\boldsymbol{f}_1,\cdots,\boldsymbol{f}_k$,$\boldsymbol{f}'_1,\cdots,\boldsymbol{f}'_k$ に対して,

$$\langle \boldsymbol{f}_1 \wedge \cdots \wedge \boldsymbol{f}_k, \boldsymbol{f}'_1 \wedge \cdots \wedge \boldsymbol{f}'_k \rangle = \det\left(\langle \boldsymbol{f}_i, \boldsymbol{f}'_j\rangle\right)$$

となることを示せ(L の不定値計量に対しても,この式により $\wedge^k L^*$ に不定値計量を導入することができる).

いよいよ,微分形式を定義する段階になった.テンソル場 ω について,$\omega(p) \in \wedge^k T_p^* M$ であるとき,ω を k 次の微分形式という.$(q_1,\cdots,q_n)$ を局所座標系とするとき,その座標近傍上で

$$\omega = \sum_{i_1<\cdots<i_p} a_{i_1\cdots i_p}(q_1,\cdots,q_n) dq_{i_1} \wedge \cdots \wedge dq_{i_p}$$

と表わされる.ここで,$a_{i_1\cdots i_p}(q_1,\cdots,q_n) = \omega\left(\dfrac{\partial}{\partial q_{i_1}},\cdots,\dfrac{\partial}{\partial q_{i_k}}\right)$ である.$\omega(p) \neq 0$ となる点 p 全体の閉包を ω の台という.k 次の微分形式全体のなす線形空間を $A^k(M)$ により表わす.$A^0(M)$ は $C^\infty(M)$ に他ならない.

多様体の間の滑らかな写像 $\varphi : M \longrightarrow N$ に対して,その微分写像 $\varphi_* : T_p M \longrightarrow T_{\varphi(p)} N$ から誘導される線形写像 $\varphi_k^* : \wedge^k T_{\varphi(p)}^* N \longrightarrow \wedge^k T_p^* M$ が得られる.$\varphi^* : A^k(N) \longrightarrow A^k(M)$ を,$(\varphi^* \omega)(p) = \varphi_k^* \omega(\varphi(p))$ として定義する.$f \in A^0(N) = C^\infty(N)$ に対しては,$\varphi^* f = f \circ \varphi$ である.

記号の効用

適切な記号の導入は,数学の発展に多大に寄与する.代数計算において最初に記号を用いたのはフランスの数学者ヴィエート(1540-1603)であった.ヴィエートは,現代の代数記号である母音による未知数,子音による既知数の表現を最初に行い,この他の記号の改良と併せて,方程式の扱いを容易にし,代数学の発展に大いに貢献した.さらに,デカルトにより用いられた演算記号と併せて,それまでの文章による数学表現の晦渋さは解消されることになったのである.

当初は技術的事柄であったとはいえ,ライプニッツの導入した $dx, dy, \int$ などの記号は解析学の発展に欠かせないものであった.それらは独立には実体のある対象を指すものではないが,計算上極めて自然なことがライプニッツの記号が広く使われるようになった理由である.とくに,増分 Δx を無限小化した微分記号 dx は微分幾何学の発展に際しても,その整合性と直観的利便性のため大いに使用されてきた(現在でも,その有用性は失われてはいない).しかし,数学の性格に照らして,「無限小」という曖昧な概念をそのままにしておくわけにはいかない.本文でも述べたように,微分 dx は微分作用素 d/dx の「双対」概念として捉えることにより厳密化される.この厳密化により無限小の意味は薄れるが,微分概念の延長として高次の微分形式が自然に定義されることになるのである.

「無限小」と「無限大」を実体化する別の試みが,「超準解析学」といわれる数学基礎論に密接に関連する分野で行われたことを付記しておこう.

■3.3 外微分

つぎに定義する**外微分作用素** $d: A^k(M) \longrightarrow A^{k+1}(M)$ は,ベクトル解析における微分作用素 grad, div, rot を一般化したものである. $\omega \in A^k(M)$ に対して, $\boldsymbol{u}_i \in T_pM$ $(i=1,\cdots,k+1)$ とするとき

$$(d\omega)(\boldsymbol{u}_1,\cdots,\boldsymbol{u}_{k+1})$$
$$= \sum_{i=1}^{k+1}(-1)^{i+1}X_i\bigl(\omega(X_1,\cdots,\widehat{X}_i,\cdots,X_{k+1})\bigr)$$
$$+\sum_{i<j}(-1)^{i+j}\omega([X_i,X_j],X_1,\cdots,\widehat{X}_i,\cdots,\widehat{X}_j,\cdots,X_{k+1})$$
(3.11)

と置いて,$d\omega$ を ω の**外微分**という.ここで,$X_1,\cdots,X_{k+1}$ は p のまわりで定義されたベクトル場であって,$X_i(p)=\boldsymbol{u}_i$ となるものである.とくに,$d: A^0(M) \longrightarrow A^1(M)$ については,$(df)(X)=Xf$ である.

上の定義では,一見して右辺が X_i たちの微分を含むから,このままでは T_pM 上の $k+1$ 重線形形式の形をしていない.しかし,つぎの例題により,$d\omega$ は実際に $k+1$ 次の微分形式であることがわかる.

例題 3.11 (3.11)において,$X_i=\sum_h \xi_{ih}\dfrac{\partial}{\partial q_h}$ とするとき,右辺は

$$\sum_{h=1}^{n}\sum_{i=1}^{n}\sum_{m_1,\cdots,m_{k+1}}(-1)^{i+1}\xi_{ih}\xi_{1m_1}\cdots\widehat{\xi}_{im_i}\cdots\xi_{k+1,m_{k+1}}$$
$$\times \frac{\partial}{\partial q_h}a_{m_1\cdots\widehat{m}_i\cdots m_{k+1}}$$

に等しいことを示せ.

【解】 記号が煩雑になるだけで本質的には同じことだから,$k=2$ の場合を証明しよう.$\omega=\sum_{i=1}^{n}a_i dq_i$, $X_1=\sum_{i=1}^{n}\xi_i\dfrac{\partial}{\partial q_i}$, $X_2=\sum_{i=1}^{n}\eta_i\dfrac{\partial}{\partial q_i}$ とする.定義により $d\omega(X_1,X_2)=X_1(\omega(X_2))-X_2(\omega(X_1))-\omega([X_1,X_2])$ であり,右辺は,

$$\sum_{i,j=1}^{n}\left\{\xi_i\frac{\partial}{\partial q_i}(a_j\eta_j)-\eta_i\frac{\partial}{\partial q_i}(a_j\xi_j)\right\}-\sum_{i,j=1}^{n}\left(\xi_i\frac{\partial \eta_j}{\partial q_i}-\eta_i\frac{\partial \xi_j}{\partial q_i}\right)$$
$$=\sum_{i,j=1}^{n}\left(\xi_i\eta_j\frac{\partial a_j}{\partial q_i}-\eta_i\xi_j\frac{\partial a_j}{\partial q_i}\right)$$

となる. □

例題 3.12

(1) $\omega = \sum_{i_1 < \cdots < i_p} a_{i_1 \cdots i_p} dq_{i_1} \wedge \cdots \wedge dq_{i_p}$ に対して,

$$d\omega = \sum_{n_1 < \cdots < n_{k+1}} \sum_{i=1}^{k+1} (-1)^{i+1} \left(\frac{\partial}{\partial q_{n_i}} a_{n_1 \cdots \hat{n}_i \cdots n_{k+1}} \right) dq_{n_1} \wedge$$
$$\cdots \wedge dq_{n_{k+1}}$$
$$= \sum_{i_1 < \cdots < i_p} \sum_h \frac{\partial a_{i_1 \cdots i_p}}{\partial q_h} dq_h \wedge dq_{i_1} \wedge \cdots \wedge dq_{i_p}$$

となることを示せ.

(2) $d(d\omega)=0$ を示せ.

(3) $\omega \in A^k(M)$, $\eta \in A^l(M)$ に対して, 次式を示せ.

$$d(\omega \wedge \eta) = d\omega \wedge \eta + (-1)^k \omega \wedge d\eta$$

(4) $\varphi : M \longrightarrow N$ に対して, $d(\varphi^* \omega) = \varphi^* d\omega$ が成り立つことを示せ.

【解】 (1)は例題 3.11 から直ちに従う. とくに

$$df = \sum_{i=1}^n \frac{\partial f}{\partial q_i} dq_i \tag{3.12}$$

である. ここで, q_i を座標近傍上の関数と思えば, $f=q_i$ を (3.12) の右辺に代入して, $\frac{\partial q_i}{\partial q_j} = \delta_{ij}$ を適用することにより, $df(p)$ は双対基底の元 $(dq_i)_p$ と等しいことがわかる. すなわち, 外微分としての記号 df と dq_i の間には整合性がある. (2)は, (1)と偏微分に関する基本的性質 $\frac{\partial}{\partial q_i} \frac{\partial}{\partial q_j} = \frac{\partial}{\partial q_j} \frac{\partial}{\partial q_i}$ に帰着する. (3)は直接的計算による. (4)は, (1)と上の注意から簡単に導かれる. 実際, $f, f_1, \cdots, f_k$ を N 上の関数として, ω が $f df_1 \wedge \cdots \wedge df_k$ の形としても一般性を失わないことと, $\varphi^* df_i = d(f_i \varphi)$ であることを確かめればよいが, これは

$$(d(f_i \varphi))(X) = X(f \varphi_i) = (\varphi_* X) f_i = (df_i)(\varphi_* X) = (\varphi^* df_i) X$$

による. □

例3 電場 $\boldsymbol{E}$ と磁場 $\boldsymbol{B}$ の下で多様体 M に拘束された電荷系 (V, e) の運動方程式は,

$$\nabla_{\dot{x}}\dot{\boldsymbol{x}} = -\operatorname{grad}\, u + W(\dot{\boldsymbol{x}})$$

により与えられた(2.1 節)．ここで，u は静電ポテンシャルから導かれる M 上の関数であり，$W: T_xM \longrightarrow T_xM$ は $W(\boldsymbol{v}) = P(f_V \boldsymbol{v} \times \boldsymbol{B})$ により定義される線形写像である．この W に関連して

$$B(\boldsymbol{u}, \boldsymbol{v}) = \int_V \boldsymbol{u} \cdot (\boldsymbol{v} \times \boldsymbol{B})\, \mathrm{d}e \quad (\boldsymbol{u}, \boldsymbol{v} \in T_xM)$$

と置く．このとき，B は $\boldsymbol{u}, \boldsymbol{v}$ それぞれについて線形であり，$B(\boldsymbol{u}, \boldsymbol{v}) = -B(\boldsymbol{v}, \boldsymbol{u})$ が成り立つ．よって，B は M 上の 2 次の微分形式である．さらに，$\boldsymbol{u}, \boldsymbol{v} \in T_xM$ に対して $g(\boldsymbol{u}, W(\boldsymbol{v})) = B(\boldsymbol{u}, \boldsymbol{v})$ が成り立つことに注意する(したがって W は歪対称)．

磁場 $\boldsymbol{B}$ がベクトル・ポテンシャル $\boldsymbol{A}$ をもつとする．1 次の微分形式 A を

$$A(\boldsymbol{u}) = \int_V \boldsymbol{u}(x) \cdot \boldsymbol{A}(\boldsymbol{x}(x))\, \mathrm{d}e(x) \quad (\boldsymbol{u} \in T_xM)$$

により定義するとき，$dA = B$ が成り立つことを示そう．M 上のベクトル場 X_1, X_2 に対して，

$dA(X_1, X_2)$
$= X_1(A(X_2) - X_2 A(X_1) - A([X_1, X_2]))$
$= X_1 \int_V X_2(x) \cdot \boldsymbol{A}(\boldsymbol{x}(x))\, \mathrm{d}e(x) - X_2 \int_V X_1(x) \cdot \boldsymbol{A}(\boldsymbol{x})(x)\, \mathrm{d}e(x)$
$\quad - \int_V [X_1, X_2](x) \cdot \boldsymbol{A}(\boldsymbol{x}(x))\, \mathrm{d}e(x)$
$= \int_V (D_{X_1} X_2 - D_{X_2} X_1) \cdot \boldsymbol{A}\, \mathrm{d}e + \int_V (D_{X_2} \cdot X_1 \boldsymbol{A} - X_1 \cdot D_{X_2} \boldsymbol{A})\, \mathrm{d}e$
$\quad - \int_V [X_1, X_2] \cdot \boldsymbol{A}\, \mathrm{d}e$
$= \int_V (D_{X_2} \cdot X_1 \boldsymbol{A} - X_1 \cdot D_{X_2} \boldsymbol{A})\, \mathrm{d}e$

であるから，簡単に確かめられる等式

$$D_{\boldsymbol{u}} \boldsymbol{A} \cdot \boldsymbol{v} - D_{\boldsymbol{v}} \boldsymbol{A} \cdot \boldsymbol{u} = \boldsymbol{u} \cdot (\boldsymbol{v} \times \boldsymbol{B}) \quad (\boldsymbol{u}, \boldsymbol{v} \in L^3)$$

に注意すれば，求める式 $dA = B$ を得る．こうして，拘束系においては，磁

場は 2 次の微分形式, ベクトル・ポテンシャルは 1 次の微分形式として考えるのが自然になる.

一般に, 抽象的に与えられたリーマン多様体 M 上で, $dB=0$ を満たす 2 次の微分形式 B を**磁場**といい, $dA=B$ を満たす 1 次の微分形式を B に対する**大域的ベクトル・ポテンシャル**とよぶことにする. 大域的ベクトル・ポテンシャルは常に存在するとは限らないが, 任意の点 $p \in M$ に対して, その近傍 U 上ではベクトル・ポテンシャル A_U が存在する (以下の議論を参照せよ). A_U を B の局所的ベクトル・ポテンシャルという. $B(\boldsymbol{u},\boldsymbol{v})=g(\boldsymbol{u},W(\boldsymbol{v}))$ により歪対称な線形写像 $W:T_xM \longrightarrow T_xM$ を定義すると, 磁場 B の下での運動方程式は

$$\nabla_{\dot{x}}\boldsymbol{x} = W(\boldsymbol{x}) \qquad (3.13)$$

により与えられる.

演習問題 3.3

(1) (3.13) の解 $\boldsymbol{x}(t)$ はエネルギーを保存すること, すなわち $g(\dot{\boldsymbol{x}}(t),\dot{\boldsymbol{x}}(t))$ が定数であることを示せ.

(2) 磁気単極子の下で球面 S^2 に拘束された力学系の運動方程式は, (2.5) に一致することを示せ.

(3) (x,y) 平面 M に垂直な一様な磁場 $\boldsymbol{B}=(0,0,b)$ の下で, M に拘束されたときの磁場の微分形式は $B = b\, dx \wedge dy$ により与えられることを示せ.

$n = \dim M$ とするとき, 外微分作用素の列

$$A^0(M) \xrightarrow{d} A^1(M) \xrightarrow{d} \cdots \xrightarrow{d} A^{n-1}(M) \xrightarrow{d} A^n(M)$$

を**ド・ラーム複体**という. 外微分作用素 $d: A^k(M) \to A^{k+1}(M)$ の核 $\mathrm{Ker}\, d$ の元を**閉 k-微分形式**, 像 $d(A^{k-1}(M))$ の元を**完全 k-微分形式**という. $d(A^{k-1}(M)) \subset \mathrm{Ker}\, d$ であるから, 商線形空間 $H^k(M) = (\mathrm{Ker}\, d)/d(A^{k-1}(M))$ を考え, これを k 次ド・ラー

---- 商線形空間 ----

 一般に，演算をもつ集合(代数系) X 上の同値関係 $\sim$ が与えられたとき，その同値類の集合(商集合) $X/\sim$ に X の演算を「移殖」するのが可能なことがある．たとえば，群 G とその正規部分群 N(すべての $g \in G$ に対して，$gNg^{-1} \subset N$ が成り立つような部分群)が与えられたとき，$g \sim h \Leftrightarrow gh^{-1} \in N$ として定義した同値関係に対する商集合は群の構造をもち，それを G の N に関する剰余群という．線形空間 L とその線形部分空間 M に関する**商線形空間** L/M も，まったく同様の考え方で定義されるものである．実際，同値関係 $\sim$ を $\boldsymbol{x} \sim \boldsymbol{y} \Leftrightarrow \boldsymbol{x} - \boldsymbol{y} \in M$ により定義するとき，その同値類 A, B に対して，A の代表元 $\boldsymbol{x}$ と B の代表元 $\boldsymbol{y}$ をとることにより，ベクトル和とスカラー倍を

$$A+B = \boldsymbol{x}+\boldsymbol{y} \text{ を含む同値類},$$
$$aA = a\boldsymbol{x} \text{ を含む同値類}$$

として定義すれば，$L/\sim$ には線形空間の構造が入る．これを L/M により表わし，L の M による商線形空間というのである．双対空間とともに，商線形空間の概念は現代幾何学において極めて重要な役割を果たす．

ムの**コホモロジー群**という．閉微分形式 $\omega \in A^k(M)$ は $H^k(M)$ の元 $[\omega]$ を定めるが，これを ω の**コホモロジー類**という．

 $H^k(M) = \{0\}$ ということと，「$d\omega = 0$ である任意の $\omega \in A^k(M)$ に対して $d\eta = \omega$ となる $\eta \in A^{k-1}(M)$ が存在する」ことは同値であるから，$H^k(M)$ は方程式 $d\omega = \eta$ に対する可解性の「障害」を計る「量」と考えられる．とくに，M 上の任意の磁場が大域的ベクトル・ポテンシャルをもつための必要十分条件は，$H^2(M) = \{0\}$ となることである．**ド・ラームの定理**によれば，$H^k(M)$ は M の位相構造のみによって決まる(3.5 節参照)．M が $\mathbb{R}^n$ の凸な開集合のときは，$H^k(M) = \{0\}$ $(k \geq 1)$ である．この事実は**ポアンカレの補題**とよばれ，本講座「物の理・数の理 1」例題 4.3 の

一般化である(次ページの例4および演習問題3.8参照).このことから多様体上の任意の磁場が,局所的ベクトル・ポテンシャルをもつことが導かれる. M が閉じた多様体のとき,すべての k に対して $H^k(M)$ は有限次元である.

> **演習問題 3.4** $f: M \longrightarrow N$ を滑らかな写像とする. $\omega \in A^k(N)$ に対して $f^*\omega \in A^k(M)$ を対応させるとき,これはド・ラームのコホモロジー群の間の準同型(線形写像) $f^*: H^k(N) \longrightarrow H^k(M)$ を自然に誘導することを示せ.

M をリーマン多様体, dv をその体積測度とする.外微分作用素 $d: A^k(M) \longrightarrow A^{k+1}(M)$ の共役作用素 $d^*: A^{k+1}(M) \longrightarrow A^k(M)$ を,コンパクトな台をもつすべての $\omega \in A^k(M)$, $\eta \in A^{k+1}(M)$ に対して

$$\int_M \langle (d\omega)(p), \eta(p) \rangle_p dv(p) = \int_M \langle \omega(p), (d^*\eta)(p) \rangle_p dv(p)$$

が成り立つように定義することができる(d は局所的に微分作用素であるから,部分積分により d^* を微分作用素として求めることができる).ここで, $\langle \cdot, \cdot \rangle_p$ はリーマン計量から自然に定まる $\wedge^* T_p^* M$ における内積を表わす. $-(d^*d+dd^*): A^k(M) \longrightarrow A^k(M)$ を Δ により表わして, k 次微分形式に作用するラプラシアンという(マイナスの符号を付けた理由は,古典的なラプラシアンとの整合性を保つためである,実際, $k=0$ の場合, $\Delta f = \text{div}(\text{grad} f)$ となることが確かめられる;下の例題3.13(3)参照). $\Delta\omega=0$ となる ω を**調和形式**という. M が閉じた多様体の場合は, $-\int_M \langle \Delta\omega, \omega \rangle dv = \int_M \|d\omega\|^2 dv + \int_M \|d^*\omega\|^2 dv$ であるから $\Delta\omega=0 \iff d\omega=0, d^*\omega=0$ に注意しよう.ホッジ-小平の理論によれば, $A^k(M)=\text{Ker } \Delta \oplus \text{Im } \Delta$ と直交分解(**ホッジ分**

解)される*. よって任意の $\omega \in A^k(M)$ は,

$$\omega = \omega_0 + \Delta\omega_1 \quad (\omega_0 \in \mathrm{Ker}\ \Delta,\ \omega_1 \in (\mathrm{Ker}\ \Delta)^\perp)$$

のように一意的に分解される. $\omega_0 = H\omega$, $\omega_1 = G\omega$ と置くと $\omega = H\omega + \Delta G\omega$ と表わされ, $dG = Gd$, $d^*G = Gd^*$ となることが確かめられる($d\omega$, $d^*\omega$ に. ホッジ分解を適用すればよい). G はグリーン作用素とよばれる. よって, $\omega \in A^k(M)$ を閉微分形式とすれば, $\omega = H\omega + dd^*G\omega$ となって, 対応 $\omega \in \mathrm{Ker}\ d \mapsto H\omega$ は, $H^k(M)$ と k 次の調和形式の空間の間の線形同型写像を誘導する.

例題 3.13 M を閉じたリーマン多様体とする.
(1) $A^k(M) = \mathrm{Ker}\ \Delta \oplus \mathrm{Im}\ d \oplus \mathrm{Im}\ d^*$ (直交直和)を示せ.
(2) $(\mathrm{Ker}\ d^*)^\perp = \mathrm{Im}\ d$ を示せ.
(3) $\mathrm{Im}\ (\mathrm{grad}) = (\mathrm{Ker}\ (\mathrm{div}))^\perp$ を示せ.

【解】 (1)は, $\mathrm{Ker}\ \Delta$, $\mathrm{Im}\ d$, $\mathrm{Im}\ d^*$ が互いに直交することとホッジ分解から明らか. (2)を示すには, $\mathrm{Ker}\ d^* = \mathrm{Ker}\ \Delta \oplus \mathrm{Im}\ d^*$ をいえばよいが, $\omega \in \mathrm{Ker}\ d^*$ を $\omega = \omega_0 + d\omega_1 + d^*\omega_2$ ($\omega_0 \in \mathrm{Ker}\ \Delta$) と表わしたとき, $0 = d^*\omega = d^*d\omega_1$ であるから, $d\omega_1 = 0$ であり, $\omega = \omega_0 + d^*\omega_2$ となることから明らか.

(3)を示そう. このため, ベクトル場 $X \in \mathfrak{X}(M)$ と 1 次の微分形式 $\omega \in A^1(M)$ を関係式 $\omega(Y) = g(X, Y)$ ($Y \in \mathfrak{X}(M)$) により同一視する. $df(Y) = g(\mathrm{grad}\ f, Y)$ だから, df と同一視されるベクトル場は $\mathrm{grad}\ f$ であり, div の定義から, $\mathrm{div}\ X = -d^*\omega$ となる. よって主張は(2)に帰着する. □

例4 ベクトル解析における微分作用素 grad (勾配), div (発散), rot (回転)を, 外微分作用素とその共役を用いて表現しよう(本講座「物の理・数の理 1」4.1 節). $\mathbb{R}^3$ の上のベクトル場 $X = (a_1, a_2, a_3)$ に対して,

---

* $\mathrm{Im}\ T$ は線形写像 T の像を表わす.

$$\eta_X = a_1 dx_1 + a_2 dx_2 + a_3 dx_3,$$
$$\omega_X = a_1 dx_2 \wedge dx_3 + a_2 dx_3 \wedge dx_1 + a_3 dx_1 \wedge dx_2$$

と置く. 対応 $X \longleftrightarrow \eta_X$, $X \longleftrightarrow \omega_X$ は, 双方ともベクトル場と微分形式の間の 1 対 1 の対応である. 簡単な計算により

$$d\eta_X = \omega_{\mathrm{rot}\ X}, \quad d\omega_X = (\mathrm{div}\ X) dx_1 \wedge dx_2 \wedge dx_3, \quad \eta_{\mathrm{grad}\ f} = df,$$
$$d^* \eta_X = -\mathrm{div}\ X, \quad d^* \omega_X = \eta_{\mathrm{rot}\ X}$$

が確かめられる(3 番目と 4 番目の等式は, 上の例題の解の中ですでに述べた). 最初と最後の等式を示しておこう. $\eta = b_1 dx_1 + b_2 dx_2 + b_3 dx_3$ を有界な台をもつ任意の 1 次微分形式とする.

$$\begin{aligned}
d\eta &= \left(\frac{\partial b_1}{\partial x_2} dx_2 + \frac{\partial b_1}{\partial x_3} dx_3 \right) \wedge dx_1 + \left(\frac{\partial b_2}{\partial x_1} dx_1 + \frac{\partial b_2}{\partial x_3} dx_3 \right) \wedge dx_2 \\
&\quad + \left(\frac{\partial b_3}{\partial x_1} dx_1 + \frac{\partial b_3}{\partial x_2} dx_2 \right) \wedge dx_3 \\
&= \left(\frac{\partial b_3}{\partial x_2} - \frac{\partial b_2}{\partial x_3} \right) dx_2 \wedge dx_3 + \left(\frac{\partial b_1}{\partial x_3} - \frac{\partial b_3}{\partial x_1} \right) dx_3 \wedge dx_1 \\
&\quad + \left(\frac{\partial b_2}{\partial x_1} - \frac{\partial b_1}{\partial x_2} \right) dx_1 \wedge dx_2
\end{aligned}$$

であるから最初の等式が得られ, さらに

$$\begin{aligned}
&\int \langle \omega_X, d\eta \rangle d\boldsymbol{x} \\
&= \int \left\{ a_1 \left(\frac{\partial b_3}{\partial x_2} - \frac{\partial b_2}{\partial x_3} \right) + a_2 \left(\frac{\partial b_1}{\partial x_3} - \frac{\partial b_3}{\partial x_1} \right) + a_3 \left(\frac{\partial b_2}{\partial x_1} - \frac{\partial b_1}{\partial x_2} \right) \right\} d\boldsymbol{x} \\
&= \int \left\{ \left(\frac{\partial a_3}{\partial x_2} - \frac{\partial a_2}{\partial x_3} \right) b_1 + \left(\frac{\partial a_1}{\partial x_3} - \frac{\partial a_3}{\partial x_1} \right) b_2 + \left(\frac{\partial a_2}{\partial x_1} - \frac{\partial a_1}{\partial x_2} \right) b_3 \right\} d\boldsymbol{x} \\
&= \int \langle \eta_{\mathrm{rot}\ X}, \eta \rangle d\boldsymbol{x}
\end{aligned}$$

である. こうして $d^* \omega_X = \eta_{\mathrm{rot}\ X}$ を得る.

電場 $\boldsymbol{E}$ に対しては 1 次の微分形式 η_E, 磁場 $\boldsymbol{B}$ に対しては 2 次の微分形式 ω_B を対応させ, それらを同じ記号 $\boldsymbol{E}, \boldsymbol{B}$ により表わす. 電流密度 $\boldsymbol{i}$ には 1 次の微分形式 $\boldsymbol{I} = \eta_i$ を対応させれば, 静電場と静磁場の基本法則[*]は

---

[*] 本講座「物の理・数の理 1」(5.14), (5.15)式参照.

$$dE = 0, \quad d^*E = -\epsilon_0^{-1}\rho; \qquad dB = 0, \quad d^*B = \mu_0 I$$

と表わされる．

3.4 ストークスの定理

ベクトル解析における基本的な積分公式を含む，多様体におけるストークスの定理を解説しよう．このため，多様体の「向き」と n 次の微分形式(n は多様体の次元)の積分を定義する．

有限次元アフィン空間の向きの概念(本講座「物の理・数の理1」1.2節)を多様体の場合に拡張するのに，向きについてのつぎの言い替えが役に立つ．線形空間 L をモデルとするアフィン空間 A^n の向きは，L の順序のついた基底 $(e_1, \cdots, e_n)$ の同値類を与えることにより定義されたが，$\wedge^n L^*$ の基底の同値類を選ぶことといってもよい．$\wedge^n L^*$ は 1 次元であるから，基底は 0 と異なるベクトルのことである．また，2 つの 0 と異なるベクトル $T_1, T_2 \in \wedge^n L^*$ に対して $T_1 = cT_2$ となる実数 c が存在するが，$c>0$ のとき，T_1, T_2 は同値である．そして，基底 $(e_1, \cdots, e_n)$ に対しては，$T(e_1, \cdots, e_n)>0$ となる $T \in \wedge^n L^*$ の同値類を対応させれば，A^n の向きと $\wedge^n L^*$ の基底の同値類の間に対応がつく．

このことを考慮に入れて，n 次元連結多様体 M の**向き**は，n 次の微分形式 ω で，各点 $p \in M$ において $\omega(p) \neq 0$ となるものを定めることとして定義する．しかし，一般にはこのような ω が存在するとは限らない．そこで，このような ω を**体積要素**といい，体積要素が存在するとき，M は**向き付け可能**であるとよぶことにする．2 つの体積要素 ω_1, ω_2 について，関数 f が

$\omega_1(p)=f(p)\omega_2(p)$ となるように決まる.f はいたるところ 0 と異なるから,f はいたるところ正かあるいは負である.もし正の場合は,ω_1, ω_2 は同じ向きを定めるという.

向きと局所座標系との関わりを述べよう.ω を体積要素とし,$(q_1,\cdots,q_n)$ を局所座標系とするとき,座標近傍上の体積要素として,ω と $dq_1\wedge\cdots\wedge dq_n$ が同じ向きであれば,$(q_1,\cdots,q_n)$ は ω に関して正の向きであるという.もし ω に関して正の向きをもつ 2 つの座標系 $(q_1,\cdots,q_n)$, $(\bar{q}_1,\cdots,\bar{q}_n)$ の座標近傍が共通部分をもつとき,その座標変換 $q_i=q_i(\bar{q}_1,\cdots,\bar{q}_n)$ について $\det\left(\dfrac{\partial q_i}{\partial \bar{q}_j}\right)>0$ である.実際,

$$dq_1\wedge\cdots\wedge dq_n = \det\left(\dfrac{\partial q_i}{\partial \bar{q}_j}\right)d\bar{q}_1\wedge\cdots\wedge d\bar{q}_n \qquad (3.14)$$

例5 $\mathbb{R}^3$ 内の曲面 M が向き付け可能であるための必要十分条件は,M が連続な(単位)法ベクトル場をもつことである.また,このとき M はちょうど 2 つの連続な単位法ベクトル場をもつが,そのうちの 1 つを選ぶことと,M に向き付けを与えることとは同値である.

M を向き付けられた多様体とするとき,有界な台をもつ n 次微分形式 ω の積分 $\displaystyle\int_M\omega$ を定義しよう.まず,ω の台が,正の向きをもつ局所座標系 $(q_1,\cdots,q_n)$ の座標近傍に含まれている場合は,$\omega=f\,dq_1\wedge\cdots\wedge dq_n$ と表わして

$$\int_M \omega = \int f(q_1,\cdots,q_n)\,\mathrm{d}q_1\cdots\mathrm{d}q_n$$

と定義する.この定義が局所座標系のとり方によらないことをみる.座標近傍が ω の台を含む,向きに適合する別の局所座標系 $(\bar{q}_1,\cdots,\bar{q}_n)$ に対して,$\omega=\bar{f}d\bar{q}_1\wedge\cdots\wedge d\bar{q}_n$ とすると,$\bar{f}=f\det\left(\dfrac{\partial q_i}{\partial \bar{q}_j}\right)$ であるから((3.14))

$$\int \overline{f}(\overline{q}_1, \cdots, \overline{q}_n) \, \mathrm{d}\overline{q}_1 \cdots \mathrm{d}\overline{q}_n$$
$$= \int f(q_1, \cdots, q_n) \det\Big(\frac{\partial q_i}{\partial \overline{q}_j}\Big) \mathrm{d}\overline{q}_1 \cdots \mathrm{d}\overline{q}_n$$
$$= \int f(q_1, \cdots, q_n) \Big| \det\Big(\frac{\partial q_i}{\partial \overline{q}_j}\Big) \Big| \mathrm{d}\overline{q}_1 \cdots \mathrm{d}\overline{q}_n$$
$$= \int f(q_1, \cdots, q_n) \, \mathrm{d}q_1 \cdots \mathrm{d}q_n$$

ここで,$\det\Big(\frac{\partial q_i}{\partial \overline{q}_j}\Big) > 0$ であることと多重積分に関する変数変換公式を用いた.

一般の ω の場合には,単位の分割を使う.M 上の滑らかな関数の族 $\{\psi_\alpha\}_{\alpha \in A}$ が,つぎの性質を満たすとき,単位の分割という.

(1) $\psi_\alpha \geq 0$,かつ ψ_α の台はコンパクトであり,M の座標近傍に含まれる.

(2) 任意のコンパクト集合 K に対して,ψ_α の台が K と交わるような α はたかだか有限個であり,$\sum_{\alpha \in A} \psi_\alpha = 1$ が成り立つ.

コンパクトな台をもつ一般の n 次微分形式 ω に対して

$$\int \omega = \sum_{\alpha \in A} \int \psi_\alpha \omega$$

と置く.この定義は単位の分割のとり方によらない.実際,$\{\phi_i\}_{i \in I}$ を別の単位の分割とするとき,ψ_α を含む座標近傍における積分の加法的性質から

$$\int \psi_\alpha \omega = \int \sum_{i \in I} \phi_i \psi_\alpha \omega = \sum_{i \in I} \int \phi_i \psi_\alpha \omega,$$
$$\sum_{\alpha \in A} \int \psi_\alpha \omega = \sum_{\alpha \in A} \sum_{i \in I} \int \phi_i \psi_\alpha \omega$$

を得る.同様なことが $\sum_{i\in I}\int \phi_i\omega$ についてもいえるから,積分の定義が単位の分割のとり方によらず確定する.

> **課題 3.1** M の可算個の開集合の族 $\mathcal{O}=\{O_i\}_{i=1}^{\infty}$ が存在して,任意の開集合が $\mathcal{O}$ に属する開集合の和集合として表わされるとき,M は**可算基をもつ**とよぶ.可算基をもつ多様体は単位の分割をもつことを示せ[1].また,可算基をもつ多様体にはリーマン計量を導入できること,逆にリーマン多様体は可算基をもつことを示せ.

例題 3.14 (向き付け可能とは限らない)リーマン多様体上の体積測度 $dv=\sqrt{\det g_{ij}}dq_1\cdots dq_n$ は局所座標系によらず大域的に定義されることを示せ(符号 (p,q) の一般ローレンツ計量 $g=(g_{ij})$ に対しては,$dv=\sqrt{(-1)^q\det g_{ij}}dq_1\cdots dq_n$ が大域的な測度を与える).

【解】 別の局所座標系 $(\bar{q}_1,\cdots,\bar{q}_n)$ に対する第 1 基本形式の係数を $\bar{g}_{hk}$ とするとき $\bar{g}_{hk}=\sum_{i,j}g_{ij}\dfrac{\partial q_i}{\partial \bar{q}_h}\dfrac{\partial q_j}{\partial \bar{q}_k}$ であるから,両辺の行列式を考えれば,$\sqrt{\det \bar{g}_{hk}}=\sqrt{\det g_{ij}}\left|\det \dfrac{\partial q_i}{\partial \bar{q}_h}\right|$ を得る.後の議論は n 次の微分形式の積分の場合とまったく同じである. □

例題 3.15 D を多様体 M の中の滑らかな境界 ∂D をもつ領域とする.もし M が向き付け可能であれば,∂D も向き付け可能であることを示せ.

【解】 M に向きを指定し,さらにリーマン計量を入れておく.$p\in\partial D$ に対して,$\boldsymbol{n}(p)$ を ∂D の外向きの単位法ベクトルとする.$T_p\partial D$ の順序のついた正規直交基底 $(\boldsymbol{e}_1,\cdots,\boldsymbol{e}_{n-1})$ を,$(\boldsymbol{e}_1,\cdots,\boldsymbol{e}_{n-1},\boldsymbol{n})$ が向きと適合する基底となるように選ぶ.$(\boldsymbol{f}_1,\cdots,\boldsymbol{f}_{n-1})$ を $(\boldsymbol{e}_1,\cdots,\boldsymbol{e}_{n-1})$ の双対基底として,$\omega_0=\boldsymbol{f}_1\wedge\cdots\wedge\boldsymbol{f}_{n-1}$ と置けば,ω_0 は ∂D の体積要素であることが確かめられる. □

つぎのストークスの定理では,∂D の向きとしては,n が奇数のときは上の ω_0 により定められる向きを選び,n が偶数のときは $-\omega_0$ により定められる向きを選ぶことにする.

3.4 ストークスの定理

例題 3.16(ストークスの定理) D を M の中の,滑らかな境界 ∂D をもつ有界な領域とする.ω を M 上の次数 $n-1$ の微分形式とするとき

$$\int_{\partial D} i^*\omega = \int_D d\omega$$

が成り立つことを示せ.ここで $i : \partial D \longrightarrow M$ は包含写像である.

【解】 ω を分解して,その台が座標近傍 U に入る場合を扱えばよい.以下,2つの場合に分けて示す.

(1) 座標近傍 U が D の内部にある場合は,

$$\omega = \sum_{i=1}^n a_i dq_1 \wedge \cdots \wedge \widehat{dq_i} \wedge \cdots \wedge dq_n$$

と表わすとき,

$$d\omega = \sum_{i=1}^n \sum_{j=1}^n \frac{\partial a_i}{\partial q_j} dq_j \wedge dq_1 \wedge \cdots \wedge \widehat{dq_i} \wedge \cdots \wedge dq_n$$
$$= \sum_{i=1}^n (-1)^{i+1} \frac{\partial a_i}{\partial q_i} dq_1 \wedge \cdots \wedge dq_i \wedge \cdots \wedge dq_n$$

であり,部分積分により $\int \frac{\partial a_i}{\partial q_i} dq_1 \cdots dq_n = 0$ となるから,

$$\int_D d\omega = 0 = \int_{\partial D} i^*\omega$$

(2) 近傍 U が D の内部にないときは M の向きに適合する局所座標系 $(q_1, \cdots, q_n)$ を,$D \cap U = \{(q_1, \cdots, q_n); q_n > 0\}$,$\partial D \cap U = \{(q_1, \cdots, q_n); q_n = 0\}$ となるように選ぶことができる.∂D の向きの入れ方から

$$\int_D d\omega = \sum_{i=1}^n (-1)^{i+1} \int \frac{\partial a_i}{\partial q_i} dq_1 \cdots dq_n$$
$$= (-1)^{n+1} \int dq_1 \cdots dq_{n-1} \int_{-\infty}^{\infty} \frac{\partial a_n}{\partial q_n} dq_n$$
$$= (-1)^n \int dq_1 \cdots dq_{n-1} a_n(q_1, \cdots, q_{n-1}, 0) = \int_{\partial D} i^*\omega \qquad □$$

ベクトル解析に現れる積分定理は,ストークスの定理の特別な場合であることをみよう.

例題 3.17(ガウスの発散定理) $\mathbb{R}^3$ の中の滑らかな境界 M をもつ有界領域 D において

$$\int_D \operatorname{div} X \, d\boldsymbol{x} = \int_M X \cdot \boldsymbol{n} \, d\sigma$$

が成り立つことを示せ.ここで $\boldsymbol{n}$ は外向きの単位法ベクトルを表わす.

【解】 $X=(X_1, X_2, X_3)$ と 2 次の微分形式 $\omega = X_1 dx_2 \wedge dx_3 + X_2 dx_3 \wedge dx_1 + X_3 dx_1 \wedge dx_2$ を同一視すれば,$\operatorname{div} X \, dx_1 \wedge dx_2 \wedge dx_3 = d\omega$ であるから,

$$\int_D \operatorname{div} X \, d\boldsymbol{x} = \int_D d\omega = \int_M i^*\omega \qquad (i: M \to \mathbb{R}^3 \text{は包含写像})$$

が得られる.S の局所径数表示を $\boldsymbol{S}(u,v) = (S_1(u,v), S_2(u,v), S_3(u,v))$ とするとき,

$$i^*(dx_i \wedge dx_j) = \Big(\frac{\partial S_i}{\partial u} du + \frac{\partial S_i}{\partial v} dv\Big) \wedge \Big(\frac{\partial S_j}{\partial u} du + \frac{\partial S_j}{\partial v} dv\Big)$$
$$= \Big(\frac{\partial S_i}{\partial u} \frac{\partial S_j}{\partial v} - \frac{\partial S_i}{\partial v} \frac{\partial S_j}{\partial u}\Big) du \wedge dv$$

に注意すれば,$i^*\omega = X \cdot (\boldsymbol{S}_u \times \boldsymbol{S}_v) du \wedge dv$ となる.一方,

$$\boldsymbol{n} = \frac{\boldsymbol{S}_u \times \boldsymbol{S}_v}{\|\boldsymbol{S}_u \times \boldsymbol{S}_v\|}, \quad d\sigma = \|\boldsymbol{S}_u \times \boldsymbol{S}_v\| du dv$$

であるから,ガウスの発散定理を得る(ただし,$(\boldsymbol{S}_u, \boldsymbol{S}_v, \boldsymbol{n})$ が $\mathbb{R}^3$ の標準的向きと同値になるようにしておく). 』

例6 ガウスの発散定理を静電場 $\boldsymbol{E}$ と静磁場 $\boldsymbol{B}$ に適用すれば,次式を得る.

$$\int_M \boldsymbol{E}(\boldsymbol{x}) \cdot \boldsymbol{n}(\boldsymbol{x}) \, d\sigma = \epsilon_0^{-1} \int_D \rho(\boldsymbol{x}) \, d\boldsymbol{x}, \qquad \int_M \boldsymbol{B} \cdot \boldsymbol{n} \, d\sigma = 0$$

C を閉曲線とし,C を境界とする 2 つの曲面 M_1, M_2 を考える.このとき,2 番目の式から

$$\int_{M_1} \boldsymbol{B} \cdot \boldsymbol{n}_1 d\sigma = \int_{M_2} \boldsymbol{B} \cdot \boldsymbol{n}_2 d\sigma$$

となることが結論される.ここで,$\boldsymbol{n}_1, \boldsymbol{n}_2$ はそれぞれ M_1, M_2 の単位法ベクトルであり,$\boldsymbol{n}_i$ に向かう側に立って C に沿って進むとき曲面 M_i が常に左側にあるとする.実際,$M = M_1 \cup M_2$ が滑らかな閉曲面のとき,$\boldsymbol{n} = \boldsymbol{n}_1 = -\boldsymbol{n}_2$ であることに注意すればよい.M が C に沿って角のある曲面のときは,滑

3.4 ストークスの定理

らかな閉曲面で近似し,さらに M_1, M_2 が互いに交わるときも適当にそれらを取りかえればよい.

C を境界とする曲面 M のとり方によらずに定まる積分 $\int_M \boldsymbol{B} \cdot \boldsymbol{n}_1 d\sigma$ を,C を切る**磁束**という.

例7 本講座「物の理・数の理1」5.1節の例の中で,証明なしに述べた事柄である「全質量が M であるような均質な密度をもつ,原点を中心とする半径 r の球体 B_r が引き起こす重力場は,$\boldsymbol{G}(\boldsymbol{x}) = -GM\dfrac{\boldsymbol{x}}{\|\boldsymbol{x}\|^3}$ ($\|\boldsymbol{x}\| > r$) により与えられる」ことを,発散定理を用いて示そう.まず,任意の回転行列 $A \in SO(3)$ に対し,$\boldsymbol{G}(A\boldsymbol{x}) = A\boldsymbol{G}(\boldsymbol{x})$ であることが,$\boldsymbol{G}$ の定義式

$$\boldsymbol{G}(\boldsymbol{x}) = GM \operatorname{vol}(B_r)^{-1} \int_{B_r} \frac{\boldsymbol{y} - \boldsymbol{x}}{\|\boldsymbol{y} - \boldsymbol{x}\|^3} d\boldsymbol{y}$$

から容易にわかる.とくに,与えられた $\boldsymbol{x}$ に対して,$A\boldsymbol{x} = \boldsymbol{x}$ を満たす任意の A について $A\boldsymbol{G}(\boldsymbol{x}) = \boldsymbol{G}(\boldsymbol{x})$ であるから,$\boldsymbol{G}(\boldsymbol{x})$ は $\boldsymbol{x}$ のスカラー倍,すなわち $\boldsymbol{G}(\boldsymbol{x}) = \alpha(\boldsymbol{x})\boldsymbol{x}$ であるような $\alpha(\boldsymbol{x}) \in \mathbb{R}$ が存在する.再び $\boldsymbol{G}(A\boldsymbol{x}) = A\boldsymbol{G}(\boldsymbol{x})$ を使えば,任意の A について $\alpha(A\boldsymbol{x}) = \alpha(\boldsymbol{x})$ となるから,$\alpha(\boldsymbol{x})$ は $\|\boldsymbol{x}\|$ のみによる.$\alpha(\boldsymbol{x})$ を $\alpha(\|\boldsymbol{x}\|)$ により表わそう.$R > r$ のとき,ポアソンの方程式 $\operatorname{div} \boldsymbol{G} = -4\pi\rho$ と発散定理,

$$\int_{B_R} \operatorname{div} \boldsymbol{G} \, d\boldsymbol{x} = \int_{S_R} \boldsymbol{G} \cdot \boldsymbol{n} \, d\sigma$$

(S_R は B_R の境界,すなわち半径 R の球面)を使えば,

$$-4\pi GM = \int_{S_R} \boldsymbol{G} \cdot \boldsymbol{n} \, d\sigma = 4\pi R^3 \alpha(R)$$

を得る.よって,主張通り $\alpha(R) = -GM/R^3$ である.

同様に,半径 r の球内に一様に電荷が分布している場合の静電場は,全電荷を Q とするとき

$$\boldsymbol{E}(\boldsymbol{x}) = \frac{Q}{4\pi\epsilon_0} \frac{\boldsymbol{x}}{\|\boldsymbol{x}\|^3} \quad (\|\boldsymbol{x}\| > r)$$

により与えられることがわかる.

演習問題 3.5 $\|\boldsymbol{x}\| < r$ のとき $\boldsymbol{E}(\boldsymbol{x}) = \dfrac{Q}{4\pi\epsilon_0 r}\boldsymbol{x}$ であることを示せ.

例8 連続体の質量密度 ρ と，質量の流れの密度 $\boldsymbol{U}$ に対して，連続の方程式

$$\frac{\partial \rho}{\partial t}+\operatorname{div} \boldsymbol{U} = 0 \qquad (3.15)$$

が成り立つことを本講座「物の理・数の理 1」5.3 節の例題 5.14 でみたが，ガウスの発散定理を使うことにより，その直観的理解が容易になる．実際，D を有界領域として，(3.15)の両辺を D 上で積分し，発散定理を使えば

$$\frac{\partial}{\partial t}\int_D \rho(t,\boldsymbol{x})\;\mathrm{d}\boldsymbol{x}+\int_{\partial D}\boldsymbol{U}\cdot\boldsymbol{n}\;\mathrm{d}\sigma = 0 \qquad (3.16)$$

を得る．(3.16)の左辺の第 1 項は，D 内の質量の単位時間当たりの増加量を表し，第 2 項は曲面 ∂D を単位時間に通過する質量の流出量を表わしている．これらが「釣りあっている」ことを表わすのが(3.16)である．すなわち，連続の方程式は**質量保存則**を表現しているのである．連続の方程式は，電荷密度と電流密度に対しても成立することを思い出そう(本講座「物の理・数の理 1」5.4 節の(5.12))．この場合の連続の方程式は，**電荷の保存則**を表わしている．

連続の方程式は，固体の中の**温度**と**熱流**に対しても成立していると考えられる．すなわち，固体の中の点 $\boldsymbol{x}$ での時刻 t における温度を $T=T(t,\boldsymbol{x})$ とし，$\boldsymbol{Q}=\boldsymbol{Q}(t,\boldsymbol{x})$ を熱の流れを表わすベクトル場とするとき，

$$\frac{\partial T}{\partial t}+\operatorname{div}\boldsymbol{Q} = 0$$

が成り立つ(ただし，固体は外と遮断されており，熱が外には逃げないものとする)．熱流が温度の最大勾配方向に比例するという**フーリエの法則**

$$\boldsymbol{Q} = -k\operatorname{grad} T \qquad (k>0 \text{ は熱伝導率})$$

(オームの法則との類似に注意)を上式に代入すれば，**熱伝導の方程式**

$$\frac{\partial T}{\partial t} = k\Delta T$$

を得る(Δ はラプラシアン)．

> **演習問題 3.6** D を滑らかな境界 $M=\partial D$ をもつ $\mathbb{R}^3$ の中の領域とし, f, g を D 上の滑らかな関数, X をベクトル場とするとき, ガウスの発散定理を用いてつぎの事柄を示せ.
> (1) $\int_D (\text{grad } f) \cdot X \, d\boldsymbol{x} = -\int_D f \text{ div } X \, d\boldsymbol{x} + \int_{\partial D} f(X \cdot \boldsymbol{n}) \, d\sigma$
> (2)(グリーンの定理)
> $$\int_M f \frac{\partial g}{\partial n} \, d\sigma = \int_D (f\Delta g + \text{grad } f \cdot \text{grad } g) \, d\boldsymbol{x},$$
> $$\int_M \left(f \frac{\partial g}{\partial n} - g \frac{\partial f}{\partial n}\right) d\sigma = \int_D (f\Delta g - g\Delta f) \, d\boldsymbol{x}$$
> ここで, $\dfrac{\partial}{\partial n}$ は法ベクトル $\boldsymbol{n}$ 方向への微分を表わす.

例題 3.18(古典的ストークスの定理) $\mathbb{R}^3$ の中の滑らかな閉曲線 C で囲まれた向きをもつ曲面を M とするとき,

$$\int_M \boldsymbol{n} \cdot \text{rot } X \, d\sigma = \int_C X \cdot \boldsymbol{t} \, ds$$

(s は C の径数, $\boldsymbol{t}$ は C の速度ベクトル)

が成り立つことを示せ. ここで, 曲面の正の側(単位法ベクトル $\boldsymbol{n}$ の向かう側)に立って, C に沿って進むとき, 曲面が常に左側にあるような方向に積分するとする.

【解】 $\eta = X_1 dx_1 + X_2 dx_2 + X_3 dx_3$ と置くと, $i^*\eta = X \cdot \boldsymbol{t} ds$ である($i : M \to \mathbb{R}^3$ は包含写像). このとき $d\eta$ は, rot X に対応する2次の微分形式である. 上と同様の議論により, $\boldsymbol{n} \cdot \text{rot } X d\sigma = i^*(d\eta) = d(i^*\eta)$ となるから

$$\int_M \boldsymbol{n} \cdot \text{rot } X \, d\sigma = \int_S d(i^*\eta) = \int_C X \cdot \boldsymbol{t} \, ds$$

を得る. □

3.5 特異コホモロジー群

ストークスの定理は, 微分形式の外微分をとる操作が, 領域の境界をとる操作に「双対的」な関係にあることを意味してい

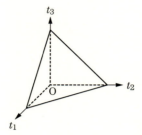

図 3.1 標準単体

る.このことを,さらに明確にみるために,特異単体というものを考えよう.

単体は,線分,三角形,四面体(三角錐)を一般の次元に拡張した図形である.単体の中で標準的なものを考え,

$$\Delta^k = \{(t_1,\cdots,t_k) \in \mathbb{R}^k;\ t_i \geq 0\ (i=1,\cdots,k),\ \sum_{i=1}^{k} t_i \leq 1\}$$

と置いて**標準 k 単体**という(図 3.1 参照).

Δ^k の i-番目の**面**は,つぎのように定義される写像 $s_i^k : \Delta^{k-1} \longrightarrow \Delta^k$ のこととする(単に図形としての"面"ではなく,写像として定義されていることに注意).

$$s_0^k(\tau_1,\cdots,\tau_{k-1}) = (1-\tau_1-\cdots-\tau_{k-1},\tau_1,\cdots,\tau_{k-1}),$$
$$s_1^k(\tau_1,\cdots,\tau_{k-1}) = (0,\tau_1,\cdots,\tau_{k-1}),$$
$$\cdots\cdots\cdots$$
$$s_k^k(\tau_1,\cdots,\tau_{k-1}) = (\tau_1,\cdots,\tau_{k-1},0)$$

M を多様体とする.Δ^k から M の中への滑らかな写像 φ を滑らかな**特異 k 単体**といい,滑らかな特異 k 単体全体のなす集合を $\mathcal{S}_k^s(M)$ により表わす.対応 $\varphi \mapsto \varphi \circ s_i^k$ は,$\mathcal{S}_k^s(M)$ から $\mathcal{S}_{k-1}^s(M)$ への写像を定める.

3.5 特異コホモロジー群

例題 3.19 $\omega \in A^{k-1}(M)$, $\varphi \in \mathcal{S}_k^s(M)$ に対して,

$$\int_{\Delta^k} \varphi^* d\omega = \sum_{i=0}^{k} (-1)^i \int_{\Delta^{k-1}} (\varphi \circ s_i^k)^* \omega$$

であることを示せ. ここで, k 単体の向きは, $\mathbb{R}^k$ の標準的向きから定めるものとする.

【解】 本質的にはストークスの定理そのものである. 符号 $(-1)^i$ は面の向きに関連して現れる. すなわち, ストークスの定理を適用すれば

$$\int_{\Delta^k} \varphi^* d\omega = \int_{\Delta^k} d\varphi^* \omega = \int_{\partial \Delta^k} \varphi^* \omega = \sum_{i=0}^{k} \int_{s_i^k(\Delta^{k-1})} \varphi^* \omega$$

となるから,

$$\int_{s_i(\Delta^{k-1})} \varphi^* \omega = (-1)^i \int_{\Delta^{k-1}} s_i^{k*} \varphi^* \omega \tag{3.17}$$

を示せばよい. ここで, 左辺の $s_i^k(\Delta^{k-1})$ は Δ^k の境界(の一部)としての向きをもつ(ただし, ストークスの定理が成り立つように修正した向きである). まず, $i \geq 1$ とする. $\mathbb{R}^k$ の標準座標系 $(t_1, \cdots, t_k)$ について, $s_i(\Delta^{k-1})$ は Δ^k を含む半平面 $\{(t_1, \cdots, t_k);\ t_i \geq 0\}$ の境界 $\{(t_1, \cdots, t_k);\ t_i = 0\}$ の一部であることに注意. よって, $s_i^k(\Delta^{k-1})$ の向きは $(-1)^k(-1)^{k-i} dt_1 \wedge \cdots \wedge \widehat{dt_i} \wedge \cdots \wedge dt_k = (-1)^i dt_1 \wedge \cdots \wedge \widehat{dt_i} \wedge \cdots \wedge dt_k$ により与えられる. 他方, $s_i^{k*}(dt_1 \wedge \cdots \wedge \widehat{dt_i} \wedge \cdots \wedge dt_k) = d(t_1 \circ s_i^k) \wedge \cdots \wedge d(t_{i-1} \circ s_i^k) \wedge d(t_{i+1} \circ s_i^k) \wedge \cdots \wedge d(t_k \circ s_i^k) = d\tau_1 \wedge \cdots \wedge d\tau_{k-1}$ であるから(3.17)を得る.

$i=0$ に対しては, 新しい座標系 $(u_1, \cdots, u_{k-1}, u)$ を, $t_1 = 1 - u_1 - \cdots - u_{k-1} - u$, $t_2 = u_1, \cdots, t_k = u_{k-1}$ として定義すれば, $s_0^k(\Delta^{k-1})$ を境界の一部として Δ^k を含む半平面は $\{(u_1, \cdots, u_{k-1}, u);\ u \geq 0\}$ となることと, $dt_1 \wedge \cdots \wedge dt_k = (-1)^k du_1 \wedge \cdots \wedge du_{k-1} \wedge du$, $s_0^{k*}(du_1 \wedge \cdots \wedge du_{k-1}) = d\tau_1 \wedge \cdots \wedge d\tau_{k-1}$ であることから, $s_0^k(\Delta_{k-1})$ の向きは, Δ^k の向きと一致する. こうして主張が得られる. □

上の例題は, つぎのような「図形」レベルでのコホモロジー群の概念を示唆している. $\mathcal{S}_k^s(M)$ 上の実数値関数全体のなす線形空間を $C_s^k(M)$ により表わそう. そして**余境界作用素** $d : C_s^{k-1}(M) \longrightarrow C_s^k(M)$ を

── 続・ガウスはなんでも知っていた!? ──

空間の中の互いに交わらない滑らかな閉曲線 c_1, c_2 を考えよう. ガウスは c_1, c_2 が互いに纏わりあう様子を表わすものとして, つぎのような量を導入した.

$$\mathrm{Lk}(c_1, c_2) = -\frac{1}{4\pi} \int_{c_1} \int_{c_2} \frac{1}{\|c_2(t_2) - c_1(t_1)\|^3} \\ \times \det\left(c_2(t_2) - c_1(t_1), \frac{dc_1}{dt_1}, \frac{dc_2}{dt_2}\right) dt_1 dt_2$$

この量は常に整数であり, **纏わり数**(linking number)とよばれる.

$\mathrm{Lk}(c_1, c_2)$ の定義の背景にビオ–サバールの法則があることは, その形から直ちに読み取れるだろう. 実際, t_1, t_2 をそれぞれ c_1, c_2 の弧長径数とするとき, c_1 を流れる定常電流 $i = \dot{c}_2$ が引き起こす磁場は

$$\boldsymbol{B}(\boldsymbol{x}) = \frac{\mu_0}{4\pi} \int_{c_1} \frac{1}{\|\boldsymbol{x} - c_1(t)\|^3} \left(\frac{dc_1}{dt_1} \times (\boldsymbol{x} - c_1(t_1))\right) dt_1$$

であり, ベクトル積についての公式 $\boldsymbol{a} \cdot (\boldsymbol{b} \times \boldsymbol{c}) = \det(\boldsymbol{a}, \boldsymbol{b}, \boldsymbol{c})$ を適用すれば

$$\mathrm{Lk}(c_1, c_2) = -\mu_0^{-1} \int_{c_2} \boldsymbol{B} \cdot \frac{dc_2}{dt_2} dt_2$$

となる. 古典的ストークスの定理(例題 3.18)を「形式的に」使えば,

$$(d(c))(\varphi) = \sum_{i=0}^{k} (-1)^i c(\varphi \circ s_i^k) \tag{3.18}$$

として定義する. 各 k に対して $T : A^k(M) \longrightarrow C_s^k(M)$ を

$$(T(\omega))(\varphi) = \int_{\Delta^k} \varphi^* \omega$$

により定めると, つぎの図式は可換である($T \circ d = d \circ T$).

$$\begin{array}{ccc} A^{k-1}(M) & \xrightarrow{d} & A^k(M) \\ {\scriptstyle T}\downarrow & & \downarrow{\scriptstyle T} \\ C_s^{k-1}(M) & \xrightarrow{d} & C_s^k(M) \end{array}$$

$$\mathrm{Lk}(c_1, c_2) = -\mu_0^{-1} \int_M \boldsymbol{n} \cdot \mathrm{rot}\, \boldsymbol{B}\, \mathrm{d}\sigma = -\int_M \boldsymbol{n} \cdot \boldsymbol{i}\, \mathrm{d}\sigma$$

を得る．ここで，M は c_2 を境界にするような向きをもつ曲面である．必要に応じて M を少し変形すれば，c_1 は M とのすべての交点 $p_1, \cdots, p_n$ で M に直交するようにできる．よって，$\mathrm{sgn}(p_i) = \boldsymbol{n}(p_i) \cdot \boldsymbol{i}(p_i)$ と置くと，

$$\mathrm{sgn}(p_i) = \begin{cases} 1 & (\boldsymbol{i}(p_i) \text{ が } M \text{ の正の側に向かうとき}) \\ -1 & (\boldsymbol{i}(p_i) \text{ が } M \text{ の負の側に向かうとき}) \end{cases}$$

である．$p \in M$ に台をもつ M 上のディラックのデルタ関数を δ_p により表わせば $\boldsymbol{n} \cdot \boldsymbol{i} = \sum_{i=1}^{n} \mathrm{sgn}(p_i) \delta_{p_i}$ であるから，$\mathrm{Lk}(c_1, c_2) = \sum_{i=1}^{n} \mathrm{sgn}(p_i)$ となり，纏わり数 $\mathrm{Lk}(c_1, c_2)$ が整数であることが示された（少々粗っぽいが）．

ガウスの公式は，纏わり数という「位相的不変量」を解析的に表現した公式と考えることができる．大域解析学とよばれる現代幾何学の分野では，位相的不変量を解析的に表わす公式が研究されているが（最も有名なものはアティヤ-ジンガーの指数定理），ガウスはまさにそのパイオニア的研究を行っていたのである．

つぎの例題の主張は，外微分の性質 $dd=0$ から容易に想像されるだろう．

例題 3.20 $C_s^{k-2}(M) \xrightarrow{d} C_s^{k-1}(M) \xrightarrow{d} C_s^k(M)$ の合成について $dd=0$ が成り立つことを示せ．

【解】 $s_i^k \circ s_j^{k-1} = s_{j+1}^k \circ s_i^{k-1}$ $(i \leq j)$ となること，およびこのことから得られる

$$s_i^k \circ s_j^{k-1} = s_j^k \circ s_{i-1}^{k-1} \quad (i > j)$$

を使えば，

$$d(dc)(\varphi) = \sum_{i=0}^{k}(-1)^i \sum_{j=0}^{k-1}(-1)^j c(\varphi \circ s_i^k \circ s_j^{k-1})$$

$$= \sum_{j<j=1}^{k} (-1)^{i+j} c(\varphi \circ s_j^k \circ s_{i-1}^{k-1})$$
$$+ \sum_{0=i \leq j}^{k-1} (-1)^{i+j} c(\varphi \circ s_i^k \circ s_j^{k-1})$$

ここで，第1項において $i'=j$, $j'=i-1$ と置けば，すべての項がキャンセルすることがわかる． □

ド・ラームのコホモロジー群とまったく同様に，$Z^k = \{c \in C_s^k(M); d(c)=0\}$，$B^k = \{c \in C_s^k(M); ある c' \in C_s^{k-1}(M) により c=d(c')\}$ と置くと，$B^k \subset Z^k$ である．$H_s^k(M) = Z^k/B^k$ と置く．T は準同型 $T_* : H^k(M) \longrightarrow H_s^k(M)$ を自然に誘導する．

もっと一般に，位相空間 X と加法群(積演算が可換で，加法により表わされる群)$\mathcal{A}$ が与えられたとき，$\mathcal{S}_k(X)$ により，Δ^k から X への連続写像(特異単体)全体のなす集合とし，$C^k(X, \mathcal{A})$ により $\mathcal{S}_k(X)$ 上の $\mathcal{A}$ に値をとる関数全体を表わすことにする．$C^k(X, \mathcal{A})$ には，$\mathcal{A}$ の加法により自然に加法群の構造が入る．この場合も，準同型写像 $d : C^{k-1}(X, \mathcal{A}) \longrightarrow C^k(X, \mathcal{A})$ が(3.18)により定義され，しかも $d^2=0$ が成り立つから，$H_s^k(M)$ とまったく同様に $H^k(X, \mathcal{A})$ が定義される．これを($\mathcal{A}$ を係数群とする)k 次の**特異コホモロジー群**という．

$\mathcal{A} = \mathbb{R}$ とし，M を多様体とする．自然な包含写像 $\mathcal{S}_k^s \subset \mathcal{S}_k(M)$ は準同型 $S : C^k(M, \mathbb{R}) \longrightarrow C_s^k(M)$ を引き起こし，しかも $d \circ S = S \circ d$ が成り立つ．よって，S は準同型 $S_* : H^k(M, \mathbb{R}) \longrightarrow H_s^k(M)$ を誘導する．

課題 3.2 T_*, S_* はともに線形同型写像であることを示せ．とくにド・ラームのコホモロジー群 $H^k(M)$ は特異コホモロジー群 $H^k(M, \mathbb{R})$ と同型である．これが，**ド・ラームの定理**に他ならない．ド・ラームの定理

は，「解析的」な対象と位相的な対象を結びつけるという意味で，極めて興味深い結果である．

課題 3.3 M を向きをもつコンパクトな多様体とする．つぎの事柄を示せ．

(1) n を M の次元とするとき，$\dim H^n(M)=1$ であり，しかも $H^n(M)$ は M の体積要素 ω のコホモロジー類で生成される．

(2) $f: M \longrightarrow M$ を滑らかな写像とするとき，それが誘導する線形写像 $f^*: H^n(M) \longrightarrow H^n(M)$ に関して，$f^*[\omega]\ (=[f^*\omega])=\alpha[\omega]$ を満たす実数 α が存在する．この α は体積要素 ω のとり方によらずに定まる．α を f の**写像度**といい，$\deg f$ により表わすことにする．

(3) M のほとんどの点 q に対して，$f^{-1}(q)$ は有限集合であり，しかも
$$\deg f = \sum_{p \in f^{-1}(q)} [\det(f_*)_p \text{の符号}]$$
が成り立つ．ただし，$\det(f_*)_p$ は ω に関して正の向きをもつ局所座標系により f の微分写像 $f_*: T_pM \longrightarrow T_qM$ を行列表示したときの行列式である（例題 1.2 参照）．このことから，写像度は整数であることがわかる．

(4) $f(M) \neq M$ であるとき，$\deg f=0$ である．

特異コホモロジー群は，つぎのような性質をもっている．

(1) $f: X \longrightarrow Y$ を位相空間の連続写像とするとき，f は自然な準同型 $f^*: C^k(Y, \mathcal{A}) \longrightarrow C^k(X, \mathcal{A})$ を導き，しかも f^* は余境界作用素と可換であるから，特異コホモロジー群の準同型 $f^*: H^k(Y, \mathcal{A}) \longrightarrow H^k(X, \mathcal{A})$ を導く．

(2) 連続写像 $f_0, f_1: X \longrightarrow Y$ が互いに連続的な変形で移りあうとき，特異コホモロジー群の準同型として $f_0^* = f_1^*$ である．正確に言えば，区間 $I=[0,1]$ と X の位相空間としての直積 $I \times X$ から Y への連続写像 F が存在して，$F(0,x)=f_0(x)$,

$F(1,x)=f(x)$ となるとき,f_0, f_1 は互いに連続的な変形で移りあう(あるいは**ホモトピック**)という.このとき,$f_0 \simeq f_1$ と記す.

> **演習問題 3.7** 2つの位相空間 X, Y が**ホモトピー同値**とは,連続写像 $f : X \longrightarrow Y$, $g : Y \longrightarrow X$ で,$g \circ f \simeq I_X$, $f \circ g \simeq I_Y$ となるものが存在することをいう(I_X, I_Y はそれぞれ X, Y の恒等写像である).X, Y がホモトピー同値であるとき,$H^k(X, \mathcal{A})$ と $H^k(Y, \mathcal{A})$ は同型であることを示せ.

例9 $\mathbb{R}^n$ から原点 O を除いた空間 $\mathbb{R}^n \setminus \{O\}$ と,$n-1$ 次元球面 $S^{n-1} = \{\boldsymbol{x} \in \mathbb{R}^n; \|\boldsymbol{x}\|=1\}$ はホモトピー同値である.実際,$f : S^{n-1} \longrightarrow \mathbb{R}^n \setminus \{O\}$ を包含写像,$g : \mathbb{R}^n \setminus \{O\} \longrightarrow S^{n-1}$ を $g(\boldsymbol{x}) = \boldsymbol{x}/\|\boldsymbol{x}\|$ により定義すれば,上の性質を満たすことが容易に示される.

> **演習問題 3.8** $\mathbb{R}^n$ の凸領域 D は,1 点からなる位相空間とホモトピー同値であることを示せ.このことを使って,つぎの事実(**ポアンカレの補題**)を確かめよ.
>
> $$H^k(D) = \begin{cases} \mathbb{R} & (k = 0) \\ \{0\} & (k \neq 0) \end{cases}$$

特異コホモロジー群の定義から,直接にそれを計算するのは極めて困難である.しかし,もし位相空間 X が特別な構造をもつときは,比較的容易にコホモロジー群を計算する方法が存在する.これを説明するため,まず単体分割の概念を定義しよう.

ユークリッド空間の中の n 単体 Δ は,その頂点 $a_0, a_1, \cdots, a_n$ により完全に決まるから,$\Delta = (a_0, \cdots, a_n)$ と表わすことにしよう.ここで頂点たちの順序を考慮に入れていく.n 単体 $\Delta = (a_0, \cdots, a_n)$ に対して,$0 \leq i_0 < i_1 < \cdots < i_p$ となる $i_0, i_1, \cdots, i_p$ を選べ

位相幾何学

　コホモロジー群は，位相空間の「複雑さ」を表わす「位相的不変量」と考えられる．ここで位相とは，曲面や「曲がった」空間などの，点どうしの間の定性的な「遠近」のことであり，この「遠近」のみを不変にするような空間の間の変換(同相写像)で変わらない量を位相的不変量というのである．

　歴史的には，ホイヘンスに宛てたライプニッツの手紙の中で，「位置とその性質の決定のみに関わり，(量による)測定や計算を含まない」幾何学(位置の幾何学)が示唆され(1679 年)，オイラーが「ケーニヒスベルグの 7 つ橋の問題」を扱った論文 "Solutio problematis ad geometriam situs pertinentis"(位置の幾何学に関連する問題の解)においてこれを現実化したのが位相幾何学の始まりである(1736 年；グラフ理論の出発点でもある)．

　「位置の幾何学」は，その後，キルヒホフの電気回路の理論(1845)およびノットやリンクを研究したリスティングの仕事(1847)を原型として，ポアンカレによる高次元の「多面体」の研究(1895)に繋がり，位相幾何学における重要な概念である基本群やホモロジー群が導入された．なお，位相を意味するトポロジーという名称は，リスティングによる．さらに，ポアンカレは，3 体問題などの常微分方程式の解が具体的に求められない場合に，その解の定性的性質を研究するための位相的方法を開発した．その後，デーンらの整理を経て，三角形分割された空間の組み合わせ的位相幾何学が確立され，さらに一般の位相空間の位相幾何学が発展した([4], [5])．

ば，それらはある p 単体の頂点となる．$(a_{i_0}, \cdots, a_{i_p})$ を Δ の**辺**(単体)という．

　位相空間 X の**単体分割**(三角形分割)とは，ユークリッド空間 E^N の中の単体の族 K でつぎの性質をもつものである．
(1) $\Delta \in K$ であるとき，Δ の辺はすべて K に属する．
(2) $\Delta_1, \Delta_2 \in K$, $\Delta_1 \cap \Delta_2 \neq \emptyset$ のとき，$\Delta_1 \cap \Delta_2$ は Δ_1 および

Δ_2 の辺である.

(3) $x \in E^N$ に対して, $U \cap \Delta \neq \emptyset$ となる $\Delta \in K$ が有限個しかないような x の近傍 U が存在する.

(4) $|K|$ により K に属する単体の和集合とし, それを E^N の位相から誘導される位相により位相空間と考えるとき, X は $|K|$ に同相である.

(1),(2),(3)を満たす K を(ユークリッド)**単体複体**という. K^k により, 単体複体 K に属する k 単体の全体とする. $\mathcal{A}$ を前のようにアーベル群とし,

$$C^k(K,\mathcal{A}) = \{c : K^k \longrightarrow \mathcal{A} | \ c(a_{\sigma(0)}, a_{\sigma(1)}, \cdots, a_{\sigma(k)})$$
$$= \text{sgn}(\sigma) c(a_0, a_1, \cdots, a_k)$$
$$(\sigma \in \mathcal{S}_{k+1}, \ (a_0, \cdots, a_k) \in K^k)\}$$

と置く. さらに, $d : C^k(K,\mathcal{A}) \longrightarrow C^{k+1}(K,\mathcal{A})$ を

$$(d(c)(a_0,\cdots,a_{k+1})) = \sum_{i=0}^{k+1}(-1)^i c(a_0,\cdots,\hat{a}_i,\cdots,a_{k+1})$$

により定義する. $dd=0$ となることが容易に証明できるから, 特異コホモロジー群の定義とまったく同様に, 単体複体 K のコホモロジー群 $H^*(K,\mathcal{A})$ が定義される. そして, X が $|K|$ に同相であるとき, $H^*(X,\mathcal{A})$ は $H^*(K,\mathcal{A})$ と同型である([5]参照). この事実を用いれば, 例えば有限個の単体からなる単体分割を X がもつとき(例えば, 滑らかなコンパクト多様体), その特異コホモロジー群は有限次元となり, その次元は組み合わせ論的方法により計算することができる.

課題 3.4 (M,g) を向きをもつ n 次元リーマン多様体とする. M の体積要素 dv_g として, $dv_g = \sqrt{\det g_{ij}} \ dq_1 \wedge \cdots \wedge dq_n$ をとる. ホッジの

$*$-作用素 $* : \wedge^k T_p^* M \longrightarrow \wedge^{n-k} T_p^* M$ を，$\omega_1, \omega_2 \in \wedge^k T_p^* M$ に対して，$\omega_1 \wedge *\omega_2 = \langle \omega_1, \omega_2 \rangle \mathrm{d}v_g$ が成り立つように定義する．ここで，$\langle \cdot, \cdot \rangle$ はリーマン計量から自然に定まる $\wedge^k T_p^* M$ 上の内積である．この $*$ を使って，線形写像 $* : A^k(M) \longrightarrow A^{n-k}(M)$ を定義する．つぎのことを証明せよ．

(1) $** = (-1)^{k(n-k)} I$ （I は $\wedge^k T_p^* M$ の恒等写像）

(2) $d^* = (-1)^{nk+n+1} * d*$ 　（$A^k(M)$ 上で）

(3) $* \Delta = \Delta *$

M が閉じた多様体であるとき，(3)を使うことにより，$H^k(M)$ と $H^{n-k}(M)$ は同型であることがわかる（ポアンカレの双対性）．

(4)（グリーンの定理の一般化）M が境界付き多様体のとき，

$$\int_M \langle d\omega_1, \omega_2 \rangle \, \mathrm{d}v_g - \int_M \langle \omega_1, d^*\omega_2 \rangle \, \mathrm{d}v_g = \int_{\partial M} i^*(\omega_1 \wedge *\omega_2),$$

$$\int_M \langle \Delta\omega_1, \omega_2 \rangle \, \mathrm{d}v_g - \int_M \langle \omega_1, \Delta\omega_2 \rangle \, \mathrm{d}v_g$$
$$= -\int_{\partial M} \bigl(i^*(d^*\omega_1 \wedge *\omega_2) + i^*(d^*\omega_2 \wedge \omega_1) $$
$$\qquad - i^*(\omega_1 \wedge *d\omega_2) + i^*(\omega_2 \wedge *d\omega_1) \bigr)$$

が成り立つ．とくに，$i : \partial M \to M$ を包含写像として，$i^*\omega_k = 0$，$i^* d^* \omega_k = 0$ $(k=1,2)$ であるとき，$\int_M \langle \Delta\omega_1, \omega_2 \rangle \mathrm{d}v_g = \int_M \langle \omega_1, \Delta\omega_2 \rangle \mathrm{d}v_g$ が成り立つ．

課題 3.5 位相空間 X に対して，$H^k(X, \mathbb{R})$ が有限次元であるとき，$b_k(X) = \dim H^k(X, \mathbb{R})$ と置いて，これを X の k 次のベッチ数という．また，すべての k に対して有限なベッチ数 $b_k(X)$ をもち，さらに，$b_k(X) = 0$ $(k > n)$ となる n が存在するとき，

$$\chi(X) = \sum_{k=0}^{n} (-1)^k b_k(X)$$

を X の**オイラー数**という．X が有限個の単体からなる単体複体による単体分割をもつとき，

$$\chi(X) = \sum_{k=0}^{n} (-1)^k \#K^k$$

となることを示せ．ここで，K に属する単体の最大次元を n とし，$\#K^k$ は K に属する k 単体の個数を表わす．

課題 3.6 M を「穴」の数が g の閉曲面とする．M の単体分割を用いることにより，$b_0=b_2=1$, $b_2=2g$（よって $\chi(M)=2-2g$）であることを示せ．

図 3.2　曲面

課題 3.7 M を n 次元の閉じた多様体とする．

(1) M が奇数次元とするとき，ポアンカレの双対性を利用して，$\chi(M)=0$ であることを示せ．

(2) $n=2m$ とするとき，
$$\Omega = \frac{(-1)^m}{2^{2m}\pi^m m!} \sum_{i_1,\cdots,i_n} \epsilon_{i_1\cdots i_n} g^{i_1 i_2} \cdots g^{i_{n-1} i_n}$$
$$\times \Omega_{i_1 i_2} \wedge \Omega_{i_3 i_4} \wedge \cdots \wedge \Omega_{i_{n-1} i_n}$$

とおく．ここで

$$\epsilon_{i_1\cdots i_n} = \begin{cases} 1 & (i_1,\cdots,i_n) \text{ が } (1,2,\cdots,n) \\ & \text{の偶置換のとき} \\ -1 & \text{奇置換のとき} \\ 0 & \text{その他の場合} \end{cases}$$

であり $\Omega_{ij}=\sum_{k,l} R_{ijkl} dx_k \wedge dx_l$ とする．このとき，
$$\chi(M) = \int_M \Omega$$
となることを示せ．これを高次元の**ガウス-ボンネの定理**という（チャーン；1944 年）．とくに，2 次元の場合，K を M のガウス曲率とするとき

$$\chi(M) = \frac{1}{2\pi} \int_M K \, d\sigma$$

が成り立つ．これは，本講座「物の理・数の理1」の囲み「ガウスはなんでも知っていた!?」p.60 で説明したガウス-ボンネの定理からも導出される．

■3.6 グラフと抵抗回路

囲み「位相幾何学」(p.85)の中にも述べたように，キルヒホフによる電気(抵抗)回路の理論は位相幾何学の源流の1つとなったものである．ここで，その概要を「離散的調和積分論」の観点から説明しよう([7]参照)．

抵抗回路は，有限個の導線(あるいは抵抗素子)を有限個の節点に繋いだものである．導線を**辺**，節点を**頂点**とすることにより，抵抗回路は有限グラフとみなされる．ここで，グラフとは頂点とそれらを結ぶ辺からなる1次元図形である．回路内に定常電流が流れるとき，その強さと方向，および導線の両端における電圧を求める問題を，グラフの言葉を用いて解くことを考える．

まず，電圧と電流の強さを定義する．一般に，導体内に電場 $\boldsymbol{E}$ が与えられたとき，導体内の2点 A, B を結ぶ経路 $c : [a,b] \longrightarrow \mathbb{R}^3$ に沿う**電圧**とは，線積分

$$V = \int_a^b \boldsymbol{E} \cdot \dot{c}(s) \, ds \qquad (A = c(a),\ B = c(b))$$

のことである．$\boldsymbol{E}$ が電位(静電ポテンシャル) f により与えられるときは，

$$V = -\int_a^b (\mathrm{grad}\ f) \cdot \dot{c}\, \mathrm{d}s = -\int_a^b \frac{\mathrm{d}f(c(s))}{\mathrm{d}s} \mathrm{d}s$$
$$= -\bigl(f(B)-f(A)\bigr)$$

であるから,電圧は**電位差**とよばれることもある.以下,曲線 c は弧長径数をもつとする(したがって,c の長さ ℓ は $b-a$ に等しい).導体が断面積の小さい導線の場合,導線は経路 c そのものと同一視される.また,導線の中の一様な電場は,c に沿う接ベクトル場 $\boldsymbol{E}(s)$ で,その大きさ $E=\|\boldsymbol{E}(s)\|$ が一定なものであるから,$V=\pm E\ell$ である.ここで,符号は,電場の向きが曲線の向きと同じときにプラス,逆向きのときにマイナスをとる.

つぎに,断面積 S の導線中を流れる定常電流 $\boldsymbol{i}$ の**電流の強さ**を,$I=\|\boldsymbol{i}\|S$ により定義する.導線の電気伝導率を σ とするとき,オームの法則により,$\|\boldsymbol{i}\|=\sigma\|\boldsymbol{E}\|$ であるから,$R=\ell/\sigma S$ と置けば,導線に対するオームの法則 $|V|=RI$ を得る.定数 R を導線の**電気抵抗**という.電流の強さにも,電圧と同様な符号を付けることにすれば,$V=RI$ を得る.

例題 3.21(キルヒホフの法則)
(1)(**電流法則**) 節点 x に繋がれた n 個の導線 $c_1,\cdots,c_n$ において,x から流れ出る(あるいは流れ込む)定常電流を考え,各導線 c_k 上の電流の強さを I_k とするとき,$I_1+\cdots+I_n=0$ が成り立つことを示せ.ただし,ここで,c_k に沿って流れ出るときは $I_k>0$ とし,流れ込むときは $I_k<0$ とする.
(2)(**電圧法則**) 抵抗回路内の導線 $c_1,\cdots,c_n$ が閉じた経路を形作っているとき,V_k を c_k における電圧とすれば,$V_1+\cdots+V_n=0$ が成り立つことを示せ.

【解】 (2)は電圧が電位差であることから自明.(1)を示す.節点 x のまわりでの導線たちを領域 D と考え,その上でガウスの発散定理を適用する(図 3.3).

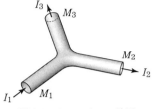

図 3.3 キルヒホフの法則

断面 $M_1,\cdots,M_n$ 以外では，$\boldsymbol{i}\cdot\boldsymbol{n}=0$ であり，断面と電流 $\boldsymbol{i}$ は直交しているから，

$$0 = \int_D \mathrm{div}\,\boldsymbol{i}\,\mathrm{d}\boldsymbol{x} = \int_{\partial D} \boldsymbol{i}\cdot\boldsymbol{n}\,\mathrm{d}\sigma = \sum_{k=1}^n \int_{M_k} \boldsymbol{i}\cdot\boldsymbol{n}\,\mathrm{d}\sigma$$
$$= \sum_{k=1}^n \pm \|\boldsymbol{i}_k\| S_k = \sum_{k=1}^n I_k$$

である．ここで，S_k は M_k の面積であり，符号は，M_k における外向きの法ベクトル $\boldsymbol{n}$ と $\boldsymbol{i}_k$ が同じときにはプラス，逆のときはマイナスをとっている． □

一般に，V を頂点の集合とするグラフ X が与えられているとする．グラフの辺は，それぞれ 2 つの向きをもち，E を向きをもつ辺（有向辺）全体の集合とする．$e \in E$ に対して，$o(e)$ により e の**始点**，$t(e)$ により**終点**，$\bar{e}$ により e の向きと逆の向きをもつ辺を表わす．頂点 x に対して，$E_x=\{e\in E;\,o(e)=x\}$ とおき，E_x に属する辺の個数を $\deg x$ により表わして，x の**次数**という．以下，有限グラフのみを考える．

1 次元単体複体は，0 単体を頂点，1 単体を辺とするグラフである．逆に，ループ辺（始点と終点が一致する辺）や重複辺（2 頂点を結ぶ辺が複数）をもたないグラフ（**組み合わせ的グラフ**）は 1 次元単体複体と同一視される．

グラフ $X=(V,E)$ に対して，

$$C^0(X,\mathbb{R}) = \{f : V \longrightarrow \mathbb{R}\}$$
$$C^1(X,\mathbb{R}) = \{\omega : E \longrightarrow \mathbb{R};\ \omega(\overline{e}) = -\omega(e)\quad (e \in E)\}$$

と置き,$d : C^0(X,\mathbb{R}) \longrightarrow C^1(X,\mathbb{R})$ を $df(e)=f(t(e))-f(o(e))$ として定義される線形写像とする.$H^0(X,\mathbb{R})=\mathrm{Ker}\,d$,$H^1(X,\mathbb{R})=C^1(X,\mathbb{R})/\mathrm{Im}\,d$ と置き,それらを**グラフのコホモロジー群**という.組み合わせグラフに対しては,それを単体複体と考えたときのコホモロジー群と一致する.

抵抗回路に対応するグラフを $X=(V,E)$ として,辺 e の表わす導線の電気抵抗を $R(e)$ としよう.電気抵抗は導線の向きにはよらないから,$R(\overline{e})=R(e)$ である.X 内を流れる定常電流は $C^1(X,\mathbb{R})$ の元 ω_I を定める.すなわち,$\omega_I(e)$ を導線 e を流れる電流の強さとして定義する.ここで,e の向きに電流が流れるときは正の符号,逆向きに流れるときは負の符号をとらせる.また,回路内の各導線の電圧が与えられれば,それはやはり $C^1(X,\mathbb{R})$ の元 ω_V を定めることになり,オームの法則により $R(e)\omega_I(e)=\omega_V(e)$ である.さらに,電圧は辺の端点間の電位差であり,電位は頂点上の関数 $f \in C^0(X,\mathbb{R})$ を定める.そして,$\omega_V(e)=f(o(e))-f(t(e))=-df(e)$ が成り立つ.

さて,各頂点(節点)x に強さ $g(x)$ の電流が流れ込むとする.ただし,$g(x)<0$ のときは電流が流れ込み,$g(x)>0$ のときは流れ出ることにする.キルヒホフの電流法則によれば,
$$\left(\sum_{e \in E_x} i(e)\right) + g(x) = 0$$
である.また,オームの法則を使って,これから電位に関する方程式

$$\sum_{e \in E_x} R(e)^{-1}\bigl(f(t(e))-f(o(e))\bigr) = g(x) \qquad (3.19)$$

が得られる．

方程式(3.19)は，**重み付きグラフ上の離散的ラプラシアン**に対するポアソンの方程式の特別な場合と考えられる．

一般に，各頂点 $x \in V$ には正の数 $m_V(x)$ が，各有向辺 $e \in E$ にはやはり正数 $m_E(e)$ が与えられ，$m_E(\bar{e})=m_E(e)$ を満たすとする．このような重み m_V, m_E の与えられたグラフを**重み付きグラフ**という．重み付き有限グラフに対して，$C^0(X,\mathbb{R}), C^1(X,\mathbb{R})$ における内積を

$$\langle f_1, f_2 \rangle_V = \sum_{x \in V} f_1(x) f_2(x) m(x),$$

$$\langle \omega_1, \omega_2 \rangle_E = \frac{1}{2} \sum_{e \in E} \omega_1(e) \omega_2(e) m_E(e)$$

により定義する．$d^* : C^1(X,\mathbb{R}) \longrightarrow C^0(X,\mathbb{R})$ を

$$(d^*\omega)(x) = -m_V(x)^{-1} \sum_{e \in E_x} m_E(e)\omega(e)$$

により定義すれば，$\langle df, \omega \rangle_E = \langle f, d^*\omega \rangle_V$ を満たすことが容易に確かめられるから，d^* は d の随伴作用素である．そこで $\Delta = -d^*d : C^0(X,\mathbb{R}) \longrightarrow C^0(X,\mathbb{R})$ と置いて，Δ を**離散的ラプラシアン**という．明らかに

$$(\Delta f)(x) = m_V(x)^{-1} \sum_{e \in E_x} m_E(e)\{f(t(e))-f(o(e))\}$$

である．抵抗回路を，$m_V \equiv 1, m_E(e)=R(e)^{-1}$ と置くことにより重み付きグラフと考えれば，(3.19)は $\Delta f = g$ と表わされ，これはまさにポアソンの方程式の離散版である．

一般の場合，与えられた $g \in C^0(X,\mathbb{R})$ に対して $\Delta f = g$ が解

f をもつための必要十分条件を求めよう．Im $\Delta=(\text{Ker }\Delta)^{\perp}$ であり，「$\Delta f=0 \iff df=0 \iff f$ は定数」であるから，求める必要十分条件は

$$\langle g,1\rangle_V \left(=\sum_{x\in V}g(x)m_V(x)\right)=0$$

である．抵抗回路の場合は，回路の外から流入する電流の強さの(代数的)総和が 0 となることが，回路内を定常電流が流れるための必要十分条件となる．またこのとき，解 f は定数差を除いて一意的であり，$\omega_V=-df$，$\omega_I=-R(E)^{-1}df$ であるから，電圧と電流も一意に定まる．

演習問題 3.9 $\omega \in C^1(X,\mathbb{R})$ がすべての閉じた経路 $(e_1,\cdots,e_n)$ に対して

$$\omega(e_1)+\cdots+\omega(e_n)=0$$

を満たすとき，$\omega=df$ を満たす $f\in C^0(X,\mathbb{R})$ が存在することを示せ．
[ヒント] 頂点 x_0 をとめ，任意の頂点 x に対して $(e_1,\cdots,e_n)$ を x_0 から x に向かう経路とするとき，$f(x)=\omega(e_1)+\cdots+\omega(e_n)$ として f を定義する．この定義が経路のとり方によらないことを示すのに条件を利用する．

演習問題 3.10 V の元の個数を v，向きを考慮しない辺の個数を e とする．

$$\chi(X)\left(=\dim H^0(X,\mathbb{R})-\dim H^1(X,\mathbb{R})\right)=v-e$$

を示せ．
[ヒント] $v=\dim C^0(X,\mathbb{R})$，$e=\dim C^1(X,\mathbb{R})$ に注意すれば，あとは線形代数の問題である．

例題 3.22(ジュールの法則)　電気抵抗 R をもつ導線内に強さ I の定常電流が流れるとき,単位時間に発生するジュール熱は RI^2 に等しいことを示せ.

【解】　本講座「物の理・数の理 1」例題 5.21 により,ジュール熱は

$$\sigma \int_D ||\boldsymbol{E}||^2 \mathrm{d}\boldsymbol{x} = \sigma E^2 S\ell = RI^2$$

に等しい.ただし σ は電気伝導率,ℓ は導線の長さである.　　　　□

参考文献

本巻で必須な概念である多様体に関する参考書として，
[1] 松島与三：多様体入門，裳華房，1965.
を薦める．この本には，微分形式やリー群についての解説もあり，現代幾何学への入門書としても最適である．

曲面の微分幾何学については，拙著
[2] 砂田利一：曲面の幾何，岩波講座 現代数学への入門 8(15)，岩波書店，1996.
を参考にしていただきたい．2次元から高次元の微分幾何学への橋渡しとしても，役立つはずである．

20世紀の後半に可積分系の理論が発展したが，ケプラー運動，振り子，オイラーのコマは可積分系の特別な例である．次の文献は，可積分系の理論の入門書である．
[3] M. Audin(高崎金久訳)：コマの幾何学——可積分系講義，共立出版，2000.

位相幾何学は，ポアンカレによる先駆的な研究の後，20世紀に爆発的に進展した分野である．本書で解説した事柄をより詳しく知りたい読者には
[4] 服部晶夫：多様体のトポロジー，岩波書店，2003.
を読むことをすすめる．
[5] 小松醇郎，中岡稔，菅原正博：位相幾何学 I，岩波書店，1967.
は，決して読みやすい文献とは言えないが，位相幾何学の基本事項を網羅しており，参考書としては高い価値を持つ．

微分形式とド・ラームの理論については

[6] H. K. ニッカーソン，D. C. スペンサー，N. E. スティーンロッド（原田重春，佐藤正次訳）：現代ベクトル解析，岩波書店，1965．

が参考になる（ただし，ド・ラームの定理の完全な証明が与えられているわけではない）．その題名の通り，ベクトル解析を現代数学の観点から整理した好著である．

電気回路については，もちろん工学の立場から書かれた参考書が数多あるが，拙著

[7] 砂田利一：分割の幾何学，日本評論社，2000．

では，幾何学的側面に焦点を当てた解説が与えられている．離散的ラプラシアンの概念は，ランダムウォークや調和振動子系などにおいても重要な役割を果たすので，これを参考文献としておく．

索 引

英数字

1 径数局所変換群　7
1 径数変換群　8, 40
n 次元球面　2

あ 行

アーベル（N. H. Abel）　37
アインシュタイン（A. Einstein）　22
アフィン空間　2, 3, 49, 69
アフィン接続　10, 11, 14, 50
位相幾何学　85
位相空間　82
位置　23
一般線形群　40, 41
一般相対論　22
一般ローレンツ計量　20
一般ローレンツ多様体　20
陰関数定理　20
ヴィエート（F. Viète）　60
運動エネルギー　25, 30
　——の保存則　25
運動量保存則　31
円柱座標　29
オイラー（L. Euler）　35, 36, 85
オイラー数　87
オイラーのコマ　30
オイラーの方程式（自由剛体運動の）　33, 43

オームの法則　76, 90
重み付きグラフ　93
温度　76

か 行

開集合　2
　——の公理　2
外積　54
回転（ベクトル場の）　67
回転行列　75
回転群　32, 40, 44
外微分　61, 77, 81
外微分作用素　60, 64, 67
ガウス（C. F. Gauss）　80
　——の驚異の定理　22
　——の発散定理　73-76, 90
ガウス曲率　22, 88
ガウス-ボンネの定理　88
角運動量保存則（自由剛体運動の）　31, 34
可算基　72
加法群　82
慣性系（ガリレイ時空の）　23
慣性中心　32
慣性モーメント作用素　33, 44
完全積分可能条件（全微分方程式の）　18, 19
完全微分形式　64
完備　8, 15
完備なベクトル場　8, 40

基準となる位置　23
奇置換　88
逆関数定理　12
境界　3
境界付き多様体　3, 87
境界点　3
共変微分　10, 27, 51
共変微分(テンソル場の)　50
共変偏微分　15
共役作用素(ラプラシアンの)　66
局所径数表示　2, 6, 13, 25, 74
局所座標　2
局所座標系　2-6, 8, 10, 11, 13, 17, 19, 46-48, 59, 70, 83
局所的ベクトル・ポテンシャル　64, 66
曲面　2, 6, 13, 25, 70
曲率テンソル　16, 17, 20, 22, 48, 49
距離空間　15
擬リーマン計量　20
擬リーマン多様体　20
キルヒホフ(G. R. Kirchhoff)　85, 89
　　——の法則　90
偶置換　88
組み合わせ的グラフ　91
グラフ　89
グリーン作用素　67
グリーンの定理　77, 87
クリストッフェルの記号　10, 14
クロネッカーの記号　5
計量線形空間　59

交換子積　6, 40
拘束運動　24, 26
拘束力　25
　　——の下での自由運動　25, 30
剛体運動　30
交代形式　53
勾配　21, 67, 76
互換　53, 54
固体　76
弧長径数　80
コホモロジー群　79
コホモロジー群(グラフの)　92
コホモロジー群(単体複体の)　86, 92
コホモロジー類　65
コワレフスカヤ
　　(S. V. Kovalevskaya)　36

さ 行

座標近傍　2, 24
座標変換　3, 5, 70
算術幾何平均　37
磁気単極子　26, 29
指数関数(線形作用素の)　41
指数写像(接続に付随する)　12, 15, 44
指数写像(リー群の)　40, 44
磁束　75
質点系　23
質量測度　25
質量の流れの密度　76
質量保存則　76
質量密度　76
磁場　63, 64, 68

磁場(微分形式としての)　64
写像度　83
自由な剛体運動　30
ジュール熱　95
ジュールの法則　95
主慣性モーメント　30, 33
縮約(テンソルの)　49, 52
商線形空間　65
随伴作用素　40
スカラー曲率　49
ストークスの定理　73, 77
正規部分群　65
静磁場　25, 74
静電場　25, 74
静電場と静磁場の基本法則　68
静電ポテンシャル　25, 63
正の向き　70, 83
積(テンソルの)　49
積分　70
接空間　4, 24, 46
接束　47
接続　48
接ベクトル　4
線形常微分方程式　12
線形全微分方程式　19
線積分　45
全微分方程式　17
双対基底　46
双対線形空間　46, 47
測地線　12, 15, 20, 25, 41, 43
速度ベクトル　5, 12

た 行

台　59
大域的ベクトル・ポテンシャル　64, 65
第1基本形式の係数　14, 49
第1基本形式の係数(リーマン計量の)　13
対称テンソル　48
対称なコマ　33
体積測度　21, 66, 72
体積要素　69, 72, 83, 86
第2基本形式(部分多様体の)　24
第2基本形式の係数　25
楕円関数　30, 33, 36
楕円関数(ヤコビの)　34, 35
楕円関数体　38
楕円積分　36
多重交代形式　53
多重積分の変数変換公式　71
多重線形写像　47
多様体　1, 24, 46, 69, 82
単位の分割　71, 72
単位法ベクトル　25, 70, 72, 74, 77
単体　78
単体複体　86, 91
単体分割　85
断面曲率　22
単連結　44
置換　53, 55
チャーン(S.-S. Chern)　88
直行行列　43
調和形式　66
抵抗回路　89
定常電流　89
ディラック(P. A. M. Dirac)　29

デーン(M. Dehn) 85	**は行**
デカルト(R. Descartes) 60	
デルタ関数 81	発散 21, 67
電圧 89	ビアンキの公式 52
電位 89	ビオ-サバールの法則 80
電位差 90	非対称コマ 34
電荷系 25	左不変計量 39
電荷保存則 76	左不変ベクトル場 39
電荷密度 76	微分形式 48, 59, 69, 77
電気抵抗 90	微分写像 8, 40, 59, 83
電気伝導率 90	微分同相写像 3, 39
電子 29	標準単体 78
テンソル 48	標準的向き 74
テンソル場 48, 50, 59	標準的向き(単体の) 79
電場 63, 68	ヒルベルト空間 23
電流の強さ 90	ファニャノ(G. C. Fagnano) 36
電流密度 68, 76	フーリエの法則 76
等距離写像 13, 41	符号 20
特異コホモロジー群 82	不定値計量 20, 59
特異単体 78	振り子 28
特殊ユニタリ群 44	平行移動(接ベクトルの) 12
閉じた多様体 3, 66, 87, 88	平行ベクトル場 12, 15
凸集合 65	閉多様体 3
ド・ラームのコホモロジー群 64, 82	閉微分形式 64
ド・ラームの定理 65, 82	ベクトル積 29, 32, 80
ド・ラーム複体 64	ベクトル場 6, 24
	ベクトル場(曲線に沿う) 11
な行	ベクトル・ポテンシャル 63, 64
流れ 8	ベッチ数 87
滑らかな関数 3	辺 85
滑らかな写像 3, 8	ポアソンの方程式 75, 93
熱伝導の方程式 76	ポアソンの方程式(離散的ラプラシアンに対する) 93
熱伝導率 76	
熱流 76	

ポアンカレ(H. Poincaré)　85
　——の双対性　87
　——の補題　65, 84
ホイヘンス(C. Huygens)　85
方向微分　3, 9, 24
ホッジの $*$-作用素　87
ホッジ分解　67
ポテンシャル・エネルギー　25
ホモトピー同値　84
ホモトピック　84

ま 行

纏わり数　80
向き　69
向き(多様体の)　69, 83
向き付け可能　69
無限小変換　47
面(単体の)　78
モデル(アフィン空間の)　3, 69

や 行

ヤコビ(C. G. J. Jacobi)　37
ユークリッド空間　13
ユニタリ同値　43
余境界作用素　79, 83
余接空間　46
余接束　47

ら 行

ライプニッツ(G. W. F. von Leibniz)　60, 85
ライプニッツ則　5

ラグランジュ(J. L. Lagrange)　36
ラプラシアン　76
ラプラシアン(微分形式に作用する)　66
リー環　6, 40
リー群　39
リーマン(G. F. B. Riemann)　22
リーマン計量　13, 24, 42, 48, 49, 51, 72
リーマン多様体　13, 14, 21, 49, 64, 66, 67, 72
離散的ラプラシアン　93
リスティング(J. B. Listing)　85
リッチ(C. G. Ricci)　22
リッチ曲率　49
両側不変計量　42
ルジャンドル(A. M. Legendre)　36
レビ-チビタ(Levi-Civita)　22
レビ-チビタ接続　14, 20, 24, 51
レムニスケート　36
連続の方程式　76
ローレンツ計量　20
ローレンツ多様体　49

わ 行

ワイエルシュトラスの $\mathcal{P}$ 関数　30, 38

■岩波オンデマンドブックス■

岩波講座 物理の世界 物の理 数の理 2
数学から見た古典力学

2004 年 5 月 27 日　第 1 刷発行
2009 年 2 月 5 日　第 3 刷発行
2024 年 9 月 10 日　オンデマンド版発行

著　者　砂田利一（すなだとしかず）

発行者　坂本政謙

発行所　株式会社 岩波書店
　　　　〒 101-8002　東京都千代田区一ツ橋 2-5-5
　　　　電話案内　03-5210-4000
　　　　https://www.iwanami.co.jp/

印刷／製本・法令印刷

© Toshikazu Sunada 2024
ISBN 978-4-00-731481-0　　Printed in Japan